Silke Braemer

Von großen und kleinen Hühnern

Gedruckt auf
100% Recyclingpapier

Von großen und kleinen Hühnern

Meine Zeit als Glucke

Erzählt und gezeichnet von Silke Braemer

pala verlag

Danksagung

an Inge, meine wunderbare Co-Glucke, an unsere großzügigen Nachbarn Sonja und Chris auf der einen, Christoph und Bianca auf der anderen Seite und Armin für die einfühlsame Hilfestellung im richtigen Moment. Außerdem danke ich ganz besonders Iris, Nina und Stefan, Werner, Oliver, Michi, Judith und Christine.

Für Dickie

Inhalt

Dickie

April

Dickie spricht viel. Sie sagt, wie es ihr geht, wie sie etwas findet, sie drückt ihre Freude aus, ihr Wohlgefallen, ihre Wünsche, ihre Wehmut und ihren Protest – wenn es sein muss auch sehr deutlich. Sie ist eine besonders mitteilungsfreudige Henne. Manchmal schimpft sie auch, zum Beispiel wenn wir Menschen etwas tun, was ihr missfällt. Sie liebt es, zusammen mit uns im Garten herumzusitzen, denn nur zu dritt sind wir eine richtige Horde, findet sie. Seit ihre letzte Hühnerkollegin starb, ist sie einsam. Ein paar Tage schien sie etwas verwirrt oder traurig zu sein und suchte ihre Kollegin überall im Garten, dann beschloss sie, sich uns Menschen anzuschließen. Wir sind zwar keine Hühner, aber als Ersatz trotzdem ganz brauchbar, denn immerhin bringen wir manchmal Leckerli mit und – das ist Dickie besonders wichtig – man kann mit uns prima herumsitzen. Zusammen Herumsitzen ist – wie bei uns Menschen – eine wichtige Tätigkeit und elementarer Bestandteil des Soziallebens. Unter Hühnern macht man fast alles zusammen und so protestiert Dickie mit einem hohen Laut, der in anderen Zusammenhängen »Gefahr, niedrige Stufe« bedeutet, wenn eine von uns aufsteht und den Garten verlässt. Das kann sie nicht leiden! Wenn wir mittags ins Haus gehen, um zu essen, oder abends unsere Werkzeuge zusammenpacken, ruft sie laut und ungehalten. Umgekehrt werden wir mit freudigem Gegacker begrüßt, wenn wir in den Garten kommen.

Dickie liebt auch gemeinsame Gartenarbeit. Als Einzelhuhn hat sie meist das besondere Privileg, sich außerhalb des Hühnergeheges frei im Garten bewegen zu dürfen. Und so begleitet sie mich, wenn ich pflanze, schneide, Unkraut herausziehe oder Mulch verteile. Sie arbeitet dann eifrig mit und ist dabei sehr behutsam. Im Frühjahr

gab es viele Blattläuse an den Rosen. Dickie pflückte sie vorsichtig von den jungen Trieben, ohne die Rose dabei zu verletzen. Wenn ich eine Pflanze gepflanzt hatte, reichte eine Handbewegung und das kluge Huhn scharrte an dieser Stelle nicht. Bei Pflanzen, die länger Schutz brauchen, stelle ich ein kleines Drahtgitter um die Pflanze, zur Erinnerung.

Dickie ist eine außergewöhnliche Henne. Während ich dies schreibe, denke ich, dass ich das bisher von allen fünf Hühnern, die ich kennenlernen durfte, dachte. Jedes Huhn hatte eine eigene, sehr ausgeprägte Persönlichkeit.

Dickie ist weiß mit schwarzem Kragen, schwarzen Schwung- und Schwanzfedern, eine Sussex-Henne. Sie besitzt ein ausgeglichenes Temperament und hatte zwischen ihren früheren Hühnerkolleginnen die Rolle der Diplomatin. Sie war die Einzige, die sich mit allen anderen gut verstand.

Inge, meine langjährige Freundin und Mitbewohnerin, verbringt viel Zeit an ihrem Arbeitsplatz im Garten, denn sie ist begeisterte Bildhauerin. Bei gutem Wetter arbeitet sie stundenlang an einem Marmorblock unter einem großen Sonnensegel. Das nutzen Dickie und ich. Wir setzen uns dazu – wenn wir nicht gerade im Garten arbeiten. Ich klappere leise auf meinem Laptop, Dickie geht in der Nähe spazieren, macht Sandbad im Tomatenbeet (die Tomatenpflanzen haben ein kleines Gitter) oder sitzt in unserer Nähe, um ein Nickerchen zu machen. Da sie sich in unserer Anwesenheit sicher fühlt, schläft sie auch mit dem Kopf unter einem Flügel, denn wir sind da, um aufzupassen. Manchmal sitzt Dickie auf meinem Bein – wenn die Beine auf einem Stuhl hochgelegt sind und genügend Platz hinter dem Laptop ist. Da sie nicht leiden kann, wenn ich aufstehe und weggehe, hat sie Abhilfe geschaffen. Sie hat gemerkt, dass Menschen, auf deren Bein man sitzt, nicht weggehen können. Also bleibt sie sitzen und manchmal schnurrt sie auch. Hühner können schnurren, so wie Katzen. Es bedeutet Wohlbefinden. Und so verbringen wir friedliche Gartenstunden zu dritt und haben alle drei das Gefühl: Das gehört so, so ist es schön. Auch mit eingeschlafenem Bein.

Vor einigen Jahren fingen wir mit der Hühnerhaltung an. Zuerst dachten wir vor allem an leckere Bioeier, doch bald stellten wir fest, dass Hühner auch eigene Persönlichkeiten haben, dass sie sehr menschenbezogen sind und zahm werden können. Die Bioeier gerieten in den Hintergrund, das Vergnügen an den originellen Gartentieren und ihren Interaktionen mit uns stand von nun an im Vordergrund. (Die Erlebnisse mit unseren ersten gefiederten Mitbewohnerinnen habe ich in »Auf Augenhöhe mit Hühnern«, pala-verlag, beschrieben.)

Oft werde ich gefragt: »Wie alt werden Hühner eigentlich?« Das ist nicht einfach zu beantworten. Heute würde ich sagen: Das hängt von der Rasse, aber vor allem von der Qualität der Aufzucht und den Haltungsbedingungen ab. Als unwissende Anfängerin auf dem Gebiet Hühnerhaltung hatte ich damals fünf junge Hennen von einem fahrenden Händler erworben, bei dem auch die Winzer und Bauern ringsum kaufen. Meine romantische Vorstellung war, dass es ganz einfache und gesunde »Bauernhühner« seien, die bei guter Haltung lange leben würden. In Wirklichkeit waren es aber Hochleistungslegehennen, die in Massen möglichst preiswert aufgezogen worden waren – und die alle, bis auf eines – Dickie eben – Krankheiten mitbrachten, an denen sie nach ein paar Jahren starben. Normalerweise fallen diese Krankheiten gar nicht auf, denn die meisten Halter lassen die jungen Hennen nur ein Jahr leben, um sie dann zu schlachten. Bei uns war es anders. Wir dachten nicht daran, unsere Hennen zu schlachten, hatten sie mehrere Jahre und versorgten sie gut. Trotzdem entwickelten sie Krankheiten und starben in einem Alter zwischen drei und vier Jahren. Dies war ein sehr bedrückendes und trauriges Erlebnis. Die Übel der Massentierhaltung mit allen Konsequenzen für die Tiere – und auch für uns Konsumenten – standen uns plötzlich klar vor Augen. Die häufigen Nachrichten über zunehmende Multiresistente Keime (zum Beispiel MRSA) wegen häufiger Antibiotikagaben bei der Aufzucht ergänzten das hässliche Bild.

Und so reifte der Gedanke, selbst Küken aufzuziehen. Zufällig wurde in einem Nachbardorf eine alte süddeutsche Zweinutzungs-Rasse, nämlich »Sundheimer«-Hühner, gezüchtet. »Zweinutzung« bedeutet, dass sie sowohl zum Eierlegen als auch wegen ihres Fleischs gehalten werden. Die Tiere sind weiß mit schwarzem Kragen, groß, zutraulich, ruhig und sollen laut Züchterin bis zu acht Jahre alt werden. Es sind keine Hochleistungshühner, das war uns besonders wichtig. Das Experiment Kükenaufzucht – etwas, was ich noch nie gemacht hatte – konnte beginnen.

Dickie und wir leben in einem alten Winzerhof im milden Südwesten Deutschlands.

Weitere Mitglieder unserer Hofgemeinschaft sind Nina und Stefan mit ihren Kaninchen Molle und Pimps. Dickie findet Nina und Stefan fast so nett wie uns, denn auch mit ihnen kann man gut herumsitzen. Bei Molle und Pimps ist sie nicht so sicher, denn die hoppeln manchmal einfach weg und benehmen sich so gar nicht wie Hühner, obwohl sie ungefähr ihre Größe haben. Unser Winzerhof ist in Ihringen am Kaiserstuhl. Im Vorderhaus oben wohnen Nina und Stefan. Unten gibt es eine Ferienwohnung für Menschen, die am Kaiserstuhl Urlaub machen möchten. Im Innenhof haben die Kaninchen einen großen Auslauf. Manchmal machen wir Ausstellungen und Märkte für Kunst und Handwerk der

Region. Auf der anderen Seite der Scheune befindet sich ein großer Garten.

Diese Gegend ist nicht nur für seine hervorragenden Weine und gutes Essen bekannt, sondern auch für seinen Reichtum an Vögeln. Wir nennen sie deshalb »Vogelland«. Neben Gartenrotschwänzchen und vielen Meisen gibt es Wiedehopfe, Bienenfresser und unterschiedliche Arten von Greifvögeln, die sich von kleinen Nagern im Weinberg ernähren. Auf dem Kirchdach brüten jedes Jahr Störche. Bei gutem Wetter sind wir alle gern im Garten. Lesend, schreibend, bildhauernd, gärtnernd, scharrend, pickend und herumsitzend.

Die neuen Bewohner

Mai

Nun soll es also neue Mitbewohner in unserer Hofgemeinschaft geben: zehn »Sundheimer«-Hühnerküken. Die Kleinen wurden in einem Brutapparat ausgebrütet und haben noch nie eine Henne gesehen. Die Glucke werde ich sein – und natürlich will ich diese Aufgabe so perfekt wie möglich erledigen. Ein großer Käfig (etwa 50 × 80 × 50 cm) ist vorbereitet, mit zwei Wärmequellen zum Aussuchen. Es gibt eine Rotlichtlampe und eine sogenannte Kükenplatte, eine

25 × 25 cm große beheizbare höhenverstellbare Platte. Außerdem stehen kleine Futterschälchen und ein Trinkgefäß im Käfig. Ich packe eine umwickelte Wärmflasche in einen Karton und fahre wie vereinbart zum Nachbardorf, um die Küken abzuholen. Der freundliche Züchter sucht zehn frisch ge-

schlüpfte Küken aus und ich nehme sie mit nach Hause. Zehn deswegen, weil man den Küken das Geschlecht erst nach ein paar Monaten ansieht und bei zehn Stück zumindest die statistische Chance besteht, dass ungefähr die Hälfte davon Hennen werden.

Die Küken sind noch so klein, dass wir uns gut vorstellen können, dass sie bis vor Kurzem in einem Ei verpackt gewesen waren. Als Nestflüchter kommen sie fertig mit Flaum auf die Welt. Diese niedlichen Flaumbällchen stehen noch wackelig auf ihren Beinchen und schlafen immer wieder ein, egal wo. Sie schlafen dann einfach da, wo sie sich gerade befinden. Wenn sie an einem Futterschälchen picken, schlafen sie eben halb im Futterschälchen liegend. Zu-

erst wird das Köpfchen schwer und sinkt zu Boden. Wenn der Schnabel den Boden berührt, dreht sich das Köpfchen seitwärts oder wird nach vorne ausgestreckt. Sie schlafen auf dem Bauch, manchmal benutzen sie sich gegenseitig als »Kopfkissen«.

Wir schauen ihnen oft zu und staunen darüber, was sie schon alles können! Das Küken kommt aus dem Ei und weiß schon, wie man pickt, trinkt und scharrt – auch

wenn es beim Trinken und Scharren noch manchmal das Gleichgewicht verliert und umfällt. Überlebenswichtig sind eine oder mehrere Wärmequellen, welche die Henne ersetzen. Die Rotlichtlampe und die höhenverstellbare Kükenplatte, unter der oder auf der man sitzen kann, werden beide gern angenommen. Die Küken sind noch rund um die Uhr wärmebedürftig und scheinen genau zu wissen, wie viel Wärme sie möchten. Sie regulieren dies selbst mit dem Abstand zur Wärmequelle.

Noch haben sie sehr kurze Schlaf- und Wachzyklen, also vielleicht zehn bis fünfzehn Minuten. Alle schlafen und kruschteln durcheinander, jedes so, wie es dieses gerade braucht.

Ihre Stimmchen sind anfangs noch sehr fein und zart, werden aber jeden Tag etwas kräftiger. Zuerst ist es ein zartes Zirpen, dann wird es langsam zu einem Zwitschern. Da sie in meinem Schlafzimmer untergebracht sind, verbringe ich zwei unruhige Nächte im rosa Licht der Wärmelampe und mit viel Geraschel, bevor ich in ein anderes Bett umziehe. Inge sagt »Raschelbande«.

Mein Schlafzimmer eignet sich besonders gut für die Aufzucht, weil es etwas abgelegen und ruhig zum Innenhof Richtung Norden liegt. Durch das große Fenster gibt es Tageslicht ohne direkte Sonnenstrahlung.

Dickie ahnt noch nichts von den neuen Mitbewohnern. Wir verbringen viel Zeit zusammen, denn das Wetter ist herrlich und der Garten ruft. Sie freut sich über alles, was wir zusammen machen: Pflanzen schneiden, Kompost und Kaninchenmist verteilen, Unkraut ziehen. In den Pausen trinken wir gemeinsam Schorle (Dickie trinkt tröpfchenweise von meinem Finger) und schauen den Spatzen und Meisen zu, die überall im Garten ihre Jungen füttern. Der Marder, der uns

bei unseren ersten Hühnern noch Sorgen bereitet hatte, ist sehr viel zurückhaltender geworden. Seine Kothäufchen-Nachrichten sind selten und werden meist so platziert, dass klar ist, wer gemeint ist. Wir Menschen sind es, die ihn am meisten stören, denn vor unserer Renovierung konnte er sich ungehindert im Dachstuhl und Garten bewegen. Es war alles sein Revier. Jetzt sind wir da und das ärgert ihn.

Nach wenigen Tagen sind die Küken zu einer homogenen Gruppe geworden, deren Mitglieder fast alles gemeinsam machen. Die aktiven Phasen und die Ruhepausen sind ausgedehnter und synchronisiert. Sie fressen Unmengen – ich muss täglich mindestens

bereits deutlich gewachsen. Gerne fressen sie geriebene Karotte mit klein gehackten Brennnesseln und gekochtem Ei zusätzlich zu ihrem bisherigen Futter: gemahlene Pellets für Küken und gesiebtes Legemehl.

Die Größeren machen in diesem zarten Alter von einer Woche schon kleine Imponierspiele. Sie richten sich voreinander auf und schlagen mit den Flügelchen. Ob das wohl die Jungs sind? Noch sieht man keine Unterschiede, es sind einfach sehr niedliche gelbe Federbällchen.

drei Mal Futter nachfüllen (siehe Anhang »Kükenfutter«, S. 128) und Wasser austauschen. Die kleinen Schwungfederchen wachsen schon und die Küken sind sehr schnell und wendig auf den Beinchen geworden. Auch an den Fußgelenken haben sie Federchen, typisch Sundheimer. Alle sind

Erste Erfahrungen

Nach zwei Wochen reagieren die Küken schon lebhaft auf mich, wenn ich das Futter bringe. Wir haben den Eindruck, dass sie jetzt alle Menschen unterscheiden können, die sie bisher gesehen haben. Bei neuen Menschen sind sie sehr viel zurückhaltender.

Unser Nachbar Dominik kommt mit seinen Kindern zum Küken-Gucken vorbei. »So etwas kann man doch nicht umbringen!«, ruft er beim Anblick der Flaumbällchen. Jahel und ihre Freundin Laura sind beeindruckt davon, was die Kleinen schon alles können, nämlich herumlaufen, spielen und fressen.

Inzwischen erkennen die Küken mich vom Sehen, scheinen aber besonders auf meine Stimme zu reagieren. Meine Hand, die ich immer wieder mal zu ihnen in den Käfig lege, wird genau erkundet. Sie klettern darauf herum, picken an allen Sommersprossen, ziehen an Hautfältchen und Härchen am Unterarm und versuchen ihren Kopf zwischen meine Finger zu stecken. Vielleicht so, wie es Küken beim Gefieder einer richtigen Henne tun. Das Picken erinnert an Menschenbabys, die anfangs alles in den Mund stecken, um es zu erforschen. Die Küken finden heraus, dass man Sommersprossen nicht fressen kann und dass eine warme Hand gut geeignet ist, um darauf zu sitzen. Sie wachsen unglaublich schnell, jeden Tag sehen wir Veränderungen.

Wenn ich sie, wie jeden Morgen, einzeln hochnehme, um den Käfig sauber zu machen, finden sie meine Hand etwas unheimlich. Schnell wurde mir klar, dass sie ungern von oben gegriffen werden, denn das erinnert wahrscheinlich zu sehr an den Griff von Greifvögeln. Die Scheu davor scheint angeboren zu sein. Von unten hochgenommen zu werden, mit geöffneten

Fingern, damit die Beinchen unten heraushängen können, ist zwar immer noch sehr aufregend, aber ohne große Angst möglich. Während ich mit Saubermachen beschäftigt bin, sitzen die Küken zusammen in einem abgedeckten kleinen Warte-Karton und dösen ein bisschen im Dunkeln.

Der Käfig, in dem vorher die zwei Kaninchen aufwuchsen, ist die Kinderstube. Ich lege alte Handtücher und Waschlappen aus, um den Innenraum gemütlich zu machen. Um die Umgebung möglichst sauber zu halten, werden sie täglich gewechselt. Jungvögel haben noch kein ausgeprägtes Immunsystem und so muss penibel auf Sauberkeit geachtet werden. Wie macht das eine echte Henne – so ganz ohne Waschmaschine?! Der gesamte Stall ist jeden Morgen von kleinen Käckchen übersät. Manche Küken haben die Angewohnheit, kurz bevor sie den Kot absetzen, die Flügelchen auszubreiten und rückwärts zu gehen, so wie Nesthocker-Küken das tun. Diese schieben ihren kleinen, nackten Vogelhintern über den Nestrand, um den Kot außerhalb des Nestes fallen zu lassen, von wo die Eltern ihn dann wegtragen. Hühnerküken sind Nestflüchter, also von Anfang an mit allem ausgestattet, was Huhn so braucht im Leben. Dieses Rückwärtsgehen scheint also im Laufe der Evolution hängen geblieben zu sein, auch wenn es keine erkennbare Funktion mehr hat.

Babypo

Die Wärmequellen sind beliebt. Auf der Kükenplatte sitzt man gern zu viert oder zu fünft. Außerdem gibt es inzwischen eine hängende Tränke und eine kleine Futterraufe, speziell für Küken und Wachteln.

Die Küken fressen sehr viel und wachsen sehr schnell. Alle haben nun Federn an den Flügeln und ansatzweise auch einen Schwanz bekommen. Nur ein Küken entwickelt sich etwas langsamer. Es hat als Einziges noch keine Schwanzfedern, wir nennen es «Babypo». Babypo ist klein – aber sehr fix und sehr überlebenstauglich. Es behauptet sich zwischen den anderen, die inzwischen alle größer sind, und fordert schon in diesem zarten Alter auffallend häufig zu Imponierspielen auf.

Die kleinen Körper sehen etwas struppig aus, denn der gelbe Babyflaum wird nun überall von weißen Federchen ersetzt. Die Füße wachsen schneller als alles andere. Durch die Federn sehen sie aus wie zu große Pantoffeln.

Wenn mal wieder ein Durchfall die Runde macht, gebe ich ein paar Tropfen Oregano-Öl ins Futter und etwas Moorextrakt ins Trinkwasser, beides Tipps vom Züchter. Diese Maßnahmen sollen gegen Krankheitserreger helfen und die Darmflora stabilisieren. Das Frühstück ist sehr beliebt. Die

Küken stürzen sich jeden Morgen darauf, als hätten sie schon tagelang nichts mehr zu fressen bekommen. Innerhalb kurzer Zeit schaffen sie es, eine große Schüssel davon leer zu fressen. Danach liegen sie pappsatt im Käfig herum und machen ein Nickerchen.

Wie die Großen auch, lassen sie alles liegen, was ihnen nicht schmeckt. Haferflocken sind nicht sonderlich beliebt, sie werden fein säuberlich aussortiert und auf dem Boden verteilt. Später dienen sie dann als eine Art »Sandbad«.

Obwohl ich den Küken kleine Äste in den Käfig gesteckt habe, damit sie – wie die Großen – darauf sitzen können, schlafen sie noch wie Babys, auf dem Bauch liegend.

Sie liegen dann dicht nebeneinander im Licht der Rotlichtlampe, auf oder unter der Kükenplatte und schlummern. Der Kopf ist ausgestreckt oder seitlich gelegt, manchmal schaut noch ein ausgestrecktes Beinchen hinten heraus. Hinreißend!

Wenn sie ausgeschlafen sind, haben sie inzwischen so viel überschüssige Energie, dass sie in ihrem Käfig herumflitzen und -flattern, übermütig auf andere Küken und die kleinen neuen Sitzstangen springen, viel zwitschern und wild spielen. Die Imponierspiele werden lebhafter. Dabei stehen die Küken hoch aufgerichtet voreinander und flattern mit den Flügelchen. Etwa die Hälfte

der Küken scheint schneller zu wachsen als die anderen. Sie sind jetzt zwei Wochen alt.

Der Hochbeet-Kindergarten

Der große Bewegungsdrang der Küken inspiriert mich dazu, in einem der Hochbeete im Garten einen Draußen-Kinderspielplatz einzurichten. Vorher wuchs in dem Hochbeet Spinat. Etwa zwanzig der geschossenen, langstieligen Spinatpflanzen bleiben stehen und dienen als »Spinatwald«. Weil mir ein ganzes Hochbeet (120 cm × 200 cm) zu groß erscheint, halbiere ich es – und habe damit auch gleich einen bequemen Zuschauerplatz für Dickie geschaffen, die sich von Anfang an sehr für die Küken interessiert. Vier dünne Stangen an den Ecken in die Erde gesteckt, Kaninchendraht drumherum, ein Netz zum Schutz von oben, und fertig ist der Kindergarten. Drinnen steht ein Schälchen Wasser und eines mit Futter. Außerdem eine flache Schale mit Spielsand.

Beim ersten Ausflug setzen wir die fünf Größten in das Areal. Sie wissen zuerst

nicht, was sie dort sollen, und stehen etwas ratlos herum. Aber schon bald fangen sie an, das unbekannte Gelände zu erkunden. In den darauffolgenden Tagen wissen sie Bescheid und gehen sofort auf Entdeckungstour. Die kleineren fünf folgen ihrem Beispiel. Nun wandern sie zwitschernd gemeinsam durch den Spinatwald, picken kleinste Partikel vom Boden oder von Blättern und machen kleine Fußstapfen im Sand. Bisher ist noch keines auf die Idee gekommen, im Sand ein Bad zu nehmen. Nach ein oder zwei Stunden sammeln wir die Küken wieder ein und bringen sie zurück in ihren Käfig, wo sie müde und hungrig über das Fressen herfallen.

Dickie schaut sich dieses Treiben ein paar
Tage an. Sie ist offenbar sehr interessiert an
den neuen Mitbewohnern, pickt aber auch
nach ihnen, wenn sie zu nah an den Hasen-
draht und ihren Schnabel kommen. Wir
sitzen gemeinsam und schauen einfach zu.

Eifersucht

Inzwischen entdecken die Kleinen, wie
viel Spaß es machen kann, ein Sandbad zu
nehmen. Sie sind jetzt jeden Tag ein paar
Stunden im Kinderspielplatz und fühlen
sich sichtlich wohl. Es gibt viel zu picken,
zu zupfen und zu probieren. Man kann sich
in den Sand setzen, der schön warm ist,
Stückchen von Spinatblättern im Spinatwald

abreißen, herumflattern, kleine Wettkämpfe
machen, in der seichten Wasserschale stehen
– ungewöhnlich für Hühner! – und Futter
picken. Dazu wird lebhaft gezwitschert.

Gestern äußerte sich Dickie unmiss-
verständlich, laut und anhaltend zu den
Küken, denen sie, wie jeden Tag, eine Weile
zugesehen hatte. Sie saß auf dem Rand
des Hochbeets und schimpfte aus tiefstem
Herzen all ihre Empörung und Verzweif-

lung über diese Invasion heraus! Dabei zitterte ihre Schwanzspitze vor Erregung und Anstrengung. Sie ist ganz ausdrücklich nicht damit einverstanden, Konkurrenz zu ihrem Dasein als Einzelhuhn zu bekommen, Einsamkeit hin oder her! Ihrer Ansicht nach kümmern wir uns viel zu viel um diese wuselnde Schar – und viel zu wenig um sie! Sie hat recht, denn sie wurde nicht gefragt, bevor die Küken kamen. Sie waren einfach da und nun soll Dickie unsere Aufmerksamkeit mit ihnen teilen! Wir verstehen ihren Unmut. Einerseits sind wir von ihrem Gefühlsausbruch gerührt, andererseits müssen wir lachen. Es ist ein sehr beeindruckendes Spektakel, welches keinen Zweifel daran lässt, was gemeint ist!

Nach ihrem Gefühlsausbruch verschwindet Dickie unter dem großen Rosmarin und kann weder mit Worten noch mit Leckerli hervorgelockt werden. Sie ist zutiefst gekränkt! Da fällt mir ein, dass ich noch eine Tüte Kaninchenmist habe, zum Verteilen unter den Beerensträuchern. Ich rufe Dickie zu dieser gemeinsamen Gartenarbeit, verteile die Streu unter den Johannisbeeren und Dickie kommt, scharrt mit, frisst die »Pralinen« (Hasenköttel) und die emotionalen Wogen glätten sich langsam. Zusammen Gärtnern ist für Erwachsene wie Dickie und mich, die Kinder bleiben so lange in ihrem Kindergarten-Hochbeet und werden von Inge gehütet und fotografiert.

Juni

Die Küken zeigen schon jetzt, in der dritten Woche, deutliche Verhaltensunterschiede. Sie wachsen auch unterschiedlich schnell. Es gibt vier oder fünf richtige »Rowdys«, die sich wie Halbstarke benehmen. Sie sind wild und schubsen alle anderen vom Futter weg, springen auf kleine Gruppen gemütlich Herumsitzender rücksichtslos drauf und nehmen sich so die besten Sitzplätze. Wenn ich meine Hand zum Kraulen in den Käfig lege, springen sie auch auf meine Hand und versuchen, so hoch wie möglich auf meinem Arm zu sitzen.

Und so füttere ich morgens in zwei Gruppen. Die kleineren, die auch deutlich leichter sind, bekommen vorab so viel, wie sie möchten, die anderen müssen etwas länger im Warte-Karton bleiben. Erst dann wird das Futter für alle freigegeben. Wie ausgewachsene Hühner auch, fressen die

Küken in der Reihenfolge, die ihnen am besten schmeckt. Das Leckerste zuerst. Am besten schmecken kleine Stückchen hart gekochtes Ei. Dann kommen geriebene Karotte und fein geschnittene Brennnesselblätter (siehe Anhang »Futter«, S. 127). Was am wenigsten schmeckt, ist das gekaufte Hühnerfutter. Das wird nur gefressen, wenn gar nichts anderes mehr da und der Hunger groß ist.

Dickie ist immer da, wenn die Kleinen draußen sind. Sie verfolgt genau, was diese zu fressen bekommen. Natürlich gibt es auf ihrer Seite des Zauns immer auch ihr Lieblingsleckerli, die geschälten Sonnenblumenkerne. Trotzdem ist sie eifersüchtig.

Unsere Nachbarn Christoph und Bianca, die das Hochbeet gut sehen können, sagen, sie wären gern Hühner bei uns. Sie haben ja keine Ahnung, was einem da alles abverlangt wird – aus Dickies Perspektive zumindest!

Die Küken sind jetzt dreieinhalb Wochen alt und haben sich zu struppigen kleinen Monstern entwickelt, die im Moment wie Mini-Geier aussehen, weil die Hälse fast nackt sind. Ihre Körper sind sehr viel größer und schwerer geworden, das Gefieder ist jetzt an vielen Stellen voll ausgebildet, der Kopf wirkt im Verhältnis zum Körper zu klein. Sie können inzwischen fliegen(!), was beim morgendlichen Saubermachen neue Herausforderungen mit sich bringt. Während ich noch Einzelne aus dem Käfig nehme, flattern diejenigen, die schon im Warte-Karton sitzen, auf dessen Rand und wollen die Welt – oder wenigstens mein Schlafzimmer – erkunden. Ich brauche mindestens vier Hände.

Der Aktivitätsdrang ist enorm, nicht nur beim Saubermachen. Da das Wetter gerade kalt und nass ist, können sie nicht in den Hochbeet-Kindergarten und langweilen sich. Die Größten haben ein Spiel erfunden,

das eine wunderbare Sauerei macht. Mit beiden Beinen springen sie auf das Trinkgefäß und spielen »Wasserkratzen«. Wenn man das ein paar Hundert Mal macht, sind die Handtücher auf der einen Seite des Käfigs komplett durchnässt! Also wieder neue Handtücher, denn da alle noch auf dem Boden schlafen, muss der natürlich trocken sein. Um das Spiel zu beenden, befestige ich eine Trinkflasche mit Nippel an der Käfigwand. Man muss am Nippel picken, die Tropfen kommen einzeln heraus. Eigentlich ist diese Flasche für Nager entwickelt worden, aber nach fünf Minuten haben die Küken den Mechanismus verstanden und picken nun eifrig. Was auch gut als Beschäftigung funktioniert, ist »Salatkopfzerlegen«. Die kleinen Wilden bekommen einen halben Salatkopf aus dem Garten und bearbeiten ihn so lange, bis nur noch der Strunk übrig ist. Das macht offenbar großen Spaß. Hoffentlich wird es bald wieder wärmer, damit die kleinen Kraftpakete nach draußen können!

Inzwischen habe ich einen alten Hasenkäfig aus Holz gründlich geputzt und mit einer Sitzstange versehen, sodass die Halbwüchsigen demnächst in einem eigens für sie abgetrennten Teil des Hühnerhauses übernachten können. Dickie kann die jungen Kollegen dann sehen, behält aber ihren Teil des Hühnerhauses mit eigener Futterstelle und Schlafraum für sich. Wir hoffen, dass sie sich dann langsam an die neuen Mitbewohner gewöhnt. Vielleicht entwickelt sie trotz ihrer anfänglichen Empörung langsam Tanten-Gefühle und akzeptiert die jungen Kolleginnen und Kollegen dann als ihresgleichen.

Kleine Hühner

Nun sind die Küken genau vier Wochen alt, ihre Entwicklung geht rasant weiter. Sie sehen inzwischen aus wie richtige kleine Hühner. Heute ist es wieder wärmer, also eine gute Gelegenheit, um mehrere Stunden im Hochbeet-Kindergarten zu verbringen. Ein Sonnenschirm spendet Schatten. Die Hitze scheint den Kleinen nichts auszumachen, sie spielen vergnügt und einfallsreich mit allem, was da ist. Ein kleiner Karton, in den man sich wie in ein Häuschen setzen kann, wird sofort angenommen, denn man kann auch auf ihn flattern, um den großen Überblick zu bekommen oder um an den höher gelegenen Spinatblättern zu zupfen. Die unteren Bereiche der Stängel sind inzwischen kahl. Futter- und Wasserschale sind immer da, für den kleinen Hunger oder Durst zwischendurch. Aufgelockerte Erde ist gut zum Scharren – aber vor allem, um gemeinsam Sandbad zu machen – je mehr zusammenkommen, desto besser! Manchmal werden

richtige Sandbad-Orgien daraus, die großen Spaß zu machen scheinen.

Einzelne Küken legen sich in die Sonne, auf der Seite liegend, Flügel leicht angehoben. Aber nur kurz. Danach spielen sie weiter, zerlegen zusammen Salat und bearbeiten ein Stück Apfel, bis nur noch die Schale übrig ist. Fliegen zu jagen oder Regenwürmer in kleine Stückchen zu zerteilen, sind auch beliebte Tätigkeiten, genauso wie die kleinen »Hahnenkämpfchen«, die nur kurz andauern und vermutlich auch von den Mädels gespielt werden.

Die Kükensprache wird vielseitiger. Es gibt den »Gefährliches-fliegendes-Objekt«-Ruf, auch bei vorbeifliegenden Spatzen und Tauben. Wenn ein Küken diesen Ruf macht, stimmen die anderen mit ein und erstarren auf der Stelle, alle Blicke in den Himmel gerichtet. Das Küken-Gezwitscher ist fast ununterbrochen zu hören. Wenn es ein ernstes Problem gibt wie »Zu kalt!«, »Hunger!«, »Alleine!« oder einfach »Hilfe!«, machen die Küken ein durchdringendes »Piu-Piu!«, welches jede Henne – und auch mich! – sofort alarmiert und herbeiruft.

Auch das Fangen-Spiel wird gespielt. Eines findet ein Stückchen roten Stängel oder Regenwurm und rennt damit laut piepsend herum. Die anderen hinterher. Das Problem ist, dass das begehrte Objekt sofort den Besitzer wechselt, wenn man stehen bleibt! Also kann man nur weiterrennen – und dabei laut piepsen!

Dickie ist immer noch sehr skeptisch, was die Küken betrifft. Sie kommt zwar wie immer auf meinen Schoß, frisst auch gern die angebotenen Leckerli (im Moment Johannisbeeren), schimpft aber trotzdem mit Blick auf den Hochbeet-Kindergarten. Sie hat vermutlich Sorge, nicht genügend Futter zu bekommen, wenn später alle mit in »ihrem« Hühnerhaus wohnen, ein nicht ganz unberechtigter Gedanke. Obwohl die Küken aussehen, als seien sie Dickies Kinder – genau wie sie schwarz-weiß –, ist sie überhaupt nicht begeistert von ihnen und überwacht genau, was und wie oft die Küken zu fressen bekommen. Auch wir achten natürlich ganz besonders darauf, dass es Dickie weder an Zuwendung noch an Leckerli mangelt. Bei

Hühnern geht Liebe ganz eindeutig durch den Magen!

Heute erlebte ich nach der ersten Fütterung etwas Nettes. Die Küken hatten die Stückchen gekochtes Ei, geriebene Karotte und klein gehäckselten Oregano restlos aufgefressen. Es waren nur noch Bulgur und Hirse übrig, verteilt auf dem ganzen Käfigboden. Die Kleinen drängten sich am Eingang und wollten gekrault werden, pickten mich sanft und behaupteten, sie hätten noch Hunger. Da sagte ein kleiner Hahn das, was ausgewachsene Hähne zu ihren Hennen sagen – daran erkannte ich auch, dass er ein Hahn sein musste. Es ist ein glucksendes Geräusch: »Kommt alle her, ich habe etwas

Leckeres gefunden!« Augenblicklich drehten sich alle um und gingen zu dem Hahn, um gemeinsam zu picken. Das war das erste Mal, dass ich diese Art von Interaktion und Rollenverteilung bei unseren Heranwachsenden erlebte.

Sandbaden

Gestern und vorgestern schien die Sonne und alle waren wieder draußen im Hochbeet-Kindergarten. Die kleinen Monster (inzwischen auch »Purzelchen« genannt) lieben ihren Spielplatz, toben dort richtig wild, flattern, spielen Fangen und hüpfen nach den oberen Spinatblättern im inzwischen ziemlich kahlen Spinatwald.

Sandbaden ist der Hit! Nicht etwa in der Schale Sand, sondern am liebsten auf lockerem Erdboden. Das macht sichtlich großen Spaß und wenn ein Küken den Anfang verpasst hat, springt es einfach auf das sandbadende Kükenknäuel und taucht dann darin ab. Wenn das mit dem Abtauchen nicht geht, weil das Knäuel zu dicht oder das Küken zu leicht ist, wird einfach oben drauf »Sandbad« gespielt. Babypo ist immer noch etwas kleiner und schneller als die anderen und liebt es, so »einzutauchen«. Er sieht aus wie alle anderen auch, also wie eine kleine heranwachsende Henne, verhält sich aber wie ein kleiner Hahn. Er ist trotz seiner etwas geringeren Körpergröße immer ganz vorne mit dabei.

Kürzlich waren die Küken zum ersten Mal sechs Stunden am Stück draußen. Nach so einem Spieltag sind sie müde und lassen sich leicht einfangen. Manche schlafen schon im Transportkarton ein. Zurück im Käfig, dann auf dem Bauch, manche schon wie große Hühner sitzend in »Gemütlich-

stellung«. Am liebsten schlafen sie zu mehreren auf der Kükenplatte, auch wenn das Gedränge dort groß ist.

Zum Kennenlernen und als Beschäftigung gebe ich ihnen ein paar Johannisbeeren, einen angeschnittenen Apfel, einen abgenagten Maiskolben oder etwas Salat aus dem Garten. Sie schauen sich das neue

Objekt genau an, zuerst noch etwas vorsichtig, dann geht eine oder einer vor und probiert und – da nichts Schlimmes passiert – alle hinterher, voller Begeisterung. In Teamarbeit wird in kürzester Zeit der Apfel verspeist, der Maiskolben sauber abgefressen, der Salatkopf bis auf den Strunk reduziert und die Johannisbeeren halbiert und verschluckt.

Gestern gab es ein heftiges Gewitter, welches so schnell begann, dass Dickie davon überrascht wurde und es nicht mehr rechtzeitig ins Hühnerhaus schaffte. Sie saß unter einem tropfenden Busch und war schon ganz nass! Bereitwillig ließ sie sich hochnehmen und ins Haus tragen. Dort wickelte

ich sie in ein Handtuch und wartete, bis sie wieder trocken war. Danach brachte ich sie unter meiner Regenjacke ins Hühnerhaus. Zu meinem Erstaunen fand sie es in Ordnung, so eingepackt zu sein. Normalerweise mag sie es gar nicht, ihre Flügel nicht bewegen zu können, und kann es nicht abwarten, wieder auf den Boden zu gelangen. Bei dieser Gelegenheit genoss sie es aber offenbar, in meinem »Gefieder« unterzuschlüpfen.

Dickies Geheimnis

Vor ein paar Tagen ging ich in den Garten, um nach Dickie zu sehen. Da sie schon seit einiger Zeit kein Ei mehr gelegt hatte, machte ich mir etwas Sorgen um ihre Gesundheit und wollte nachsehen. Aber ich fand sie nicht. Kein Begrüßungsgegacker, keine Antwort trotz Rufen. Ich schaute unter alle Büsche und ins hohe Gras, in den Legekasten und hinter die Komposttonnen. Keine Dickie. Eigentlich haben wir ein kleines Begrüßungsritual, wenn ich sie im Garten besuche: Dickie grüßt gackernd, ich setze mich auf einen Gartenstuhl, lege die Beine hoch, Dickie kommt herbeigeeilt und hüpft auf mein Bein. Dann gibt es irgendetwas Leckeres, zum Beispiel geschälte Sonnenblumenkerne, Sauerampferblätter oder Spinat. Dieses Mal wartete ich vergeblich.

Seit unser Nachbar Christoph einen neuen Zaun gebaut hat, ist der Garten nicht mehr hühnerfest abgeschlossen. Der neue Zaun, der sehr schick aussieht, besteht an manchen Stellen nur aus ein paar waagerechten Drähten mit genügend Abstand, um ein Huhn mit Entdeckerdrang bequem hindurch zu lassen. Dickie hatte das schon zwei Mal ausprobiert und war durch den Nachbargarten auf der kleinen Straße Richtung Weinberg spaziert. Eine aufmerksame Nachbarin hatte uns informiert. Also gehe ich davon aus, dass sie wieder einmal eine Entdeckungstour unternommen hat, und suche außerhalb unseres Gartens. Aber weder auf der Straße noch im Garten der Nachbarn findet sich ein Huhn. Nina und Stefan sind auch alarmiert und suchen mit. Plötzlich steht Dickie hinter Nina auf dem Kiesweg in unserem Garten. Sie ist wie aus dem Nichts erschienen, als ob nichts geschehen wäre! Und dann entdecken wir Dickies kleines Geheimnis: Sie hat sich unter einer großen Rose ein wunderbar gemütliches Nest gemacht, auf einem großen Büschel Gras, idyllisch gelegen zwischen einem alten Lavendel und einer großen Pfingstrose, gut vor Blicken geschützt. In dem Nest befinden sich drei Eier!

Sie hatte sich also schon vor einigen Tagen ein »Zweitnest« gesucht, als ich die Abtrennung im Hühnerstall für die zukünftige Unterbringung der größer werdenden Küken eingerichtet hatte. Sie fand es empörend, dass »ihr« Hühnerstall einfach so verändert worden war! Im Erdgeschoß gibt es nun eine Abtrennung aus niedrigen Gittern, es steht dort der alte Hasenstall aus Holz und außerdem ist die Hühnerleiter, die hinauf in den ersten Stock zum Schlaf- und Legeraum führt, um 90 Grad gedreht worden! Sie schaute sich die Bescherung an und beschwerte sich laut und lange!

Weil dies nichts nützte, beschloss sie ganz offensichtlich, selbst eine Lösung zu finden – und suchte sich ein Zweitnest im Garten. Von diesem Zeitpunkt an legt sie ihre Eier nun immer dort. Dies ist eine

Die Küken sind fast jeden Tag draußen in ihrem Kindergarten. Da das erste Hochbeet schon ganz plattgespielt und abgefressen ist, wird der Spielplatz in das zweite der drei Hochbeete verlagert, wo es noch viel geschossenen Spinat zum Selbererenten, eine Zucchini- und eine Selleriepflanze gibt. Zucchini und Sellerie bleiben außerhalb des Hasendrahts, so ist der Spielplatz jetzt ein bisschen weniger groß, dafür gibt es wieder einen kleinen Zuschauerplatz für Dickie. Sie schaut sich manchmal das Treiben der Küken an, setzt sich sogar dazu und schimpft deutlich weniger. Sie scheint sich langsam an die Anwesenheit der Neuen im Garten zu gewöhnen, auch wenn sie sich

bemerkenswerte Leistung. Man findet sein Heim bedroht durch den bevorstehenden Zuzug vieler fremder Hühner und sucht – anstatt sich nur zu beschweren – konstruktiv nach einer befriedigenden Alternativlösung. Kluges Huhn, unsere Dickie!

immer noch aufregt. Wir achten besonders darauf, dass Leckerlis und Aufmerksamkeit für Dickie auch in Anwesenheit der Küken nicht weniger werden – und das scheint sie langsam davon zu überzeugen, dass dies keine Invasion von Futter-Konkurrenten ist. Noch übernachten die Küken in meinem Schlafzimmer, sind also nachts für Dickie nicht sichtbar und bewohnen noch nicht das Hühnerhaus. Aber der Käfig wird täglich enger und für einen Umzug wird es bald Zeit.

Abendliches Schmusen

Dass Hunde und Katzen gerne schmusen, weiß jeder. Dass aber auch Küken gern ein bisschen gekrault werden, war mir völlig neu. Abends, wenn die Küken müde sind vom Spielen und satt gefressen von der Abendfütterung, werden sie ganz ruhig und

die meisten drängen sich einfach um meine Hand und werden gerne ein bisschen von unten am Kropf gekrault. Die Purzelchen und ich machen dieses kleine Ritual schon seit sie bei uns sind, also seit fünf Wochen. Es ist wie ein kleines Hühnchen-Gute-Nacht-Ritual. Danach legen sie sich auf die Kükenplatte oder den Käfigboden und schlafen. Inzwischen nicht mehr auf dem Bauch mit ausgestrecktem Hals, sondern immer öfter in Gemütlichstellung sitzend wie die Großen. Wenn es ihnen etwas zu kühl wird, sitzen sie ganz dicht gedrängt oder möglichst alle auf/unter/um die Kükenplatte, welche schon längst nicht mehr ausreicht. Wenn die Temperatur angenehm ist, verteilen sie sich locker im ganzen Käfig.

drängen sich um meine Hand. Sie picken immer noch gern an meinen Sommersprossen, manche auch etwas heftiger, um zu sehen, ob man sie nicht vielleicht doch abmontieren und fressen kann. Auch die Armbanduhr oder ein Pflaster sind sehr interessant und werden untersucht. Aber

In kühlen Nächten mache ich ihnen manchmal den Dunkelstrahler an, eine Lampe, die nur Wärme ohne Licht abgibt. Er ersetzt jetzt die Rotlichtlampe. Mein eigener Schlafplatz ist immer noch in unserem Arbeitsraum, aber ich freue mich schon darauf, bald wieder in meinem eigenen Bett schlafen zu können.

Die jungen Hühner sind unglaublich gewachsen, ihre Körper sind jetzt so lang wie meine Hand, manche auch schon länger. Sie sind sehr schnell und wendig geworden, das abendliche Einfangen im Kindergarten geht nur noch zu zweit. Kämme und Kehllappen sind noch nicht sichtbar. Alle haben jetzt den schwarz-weißen Kragen, die schwarz-weißen Schwung- und Schwanzfedern. Bei genauem Hinsehen ist die Zeichnung bei jedem Tier etwas unterschiedlich, also für uns eine kleine Chance, sie später auseinanderhalten zu können. Manche scheinen mehr Schwanzfedern zu haben, es könnte sein, dass dies die jungen Hähne sind. Das auffallend wilde Verhalten von einigen ist wieder verschwunden, inzwischen sind alle lebhaft und stürmisch.

Babypo ist in der Entwicklung immer noch deutlich hinter den anderen und macht einen etwas kranken Eindruck. Er sitzt öfter als die anderen herum, um sich auszuruhen, die Augen halb geschlossen. Heute Nachmittag habe ich einen Termin bei unserem Tierarzt vereinbart, um untersuchen zu

zwei Mal täglich den Käfig sauber mache.
Aber vor allem wird es nun wirklich eng im
Kinderzimmer-Käfig. Je enger es wird, desto
schneller entstehen kleine Rangeleien.

Die jungen Krümelmonster fressen sehr
viel, sodass ich drei Mal täglich einen großen
Teil der Küche belege, um das beliebte
leicht feuchte Müsli zuzubereiten. Sie haben
immer Bärenhunger – kein Wunder bei dem
Wachstum! Unsere gemeinsame Küche wird
dadurch zunehmend zur Futterküche und
Inge springt mehrmals täglich über ihren
Schatten, um dies zu tolerieren. Die Menge
der herumstehenden Gefäße mit Körnern,
gekochten Eiern, Töpfen mit Brei, Sieben
mit frischen Brennnesseln und Oregano,

lassen, ob er etwas Ansteckendes hat, was
die ganze Gruppe gefährden könnte.

Alles ist für den Umzug vorbereitet und es
wird auch Zeit. Jeder Quadratzentimeter
meines Schlafzimmers ist voller Krümel, es
liegen Wärmelampen und Handtücher herum und duftet immer intensiver, obwohl ich

Fläschchen, Gläsern und Tüten nimmt immer mehr Raum ein und ich nehme mir vor, den Junghühnern ab dem Umzug nur noch einmal am Tag ihr spezielles Müsli zuzubereiten. Den Rest des Tages müssen sie dann gekauftes Futter fressen – oder hungrig bleiben. Gekauftes Hühnerfutter, bestehend aus Legemehl und Pellets für Küken (»Alleinfutter«, von wegen!) wird von den immer hungrigen Halbwüchsigen verständnislos angesehen. »Kann man das fressen?!«

Außerdem ertappe ich mich dabei, dass unser Menschenessen, dessen Zubereitung meine Aufgabe ist, immer mehr Ähnlichkeit mit Hühnerfutter bekommt. Der einzige Unterschied besteht darin, dass unsere

Gemüsepfannen aus deutlich größeren geschnipselten Gemüsestücken bestehen und der gebratene Reis gewürzt ist. Lachend sagt Inge: »Ich bin froh, dass Du überhaupt noch für uns kochst!«

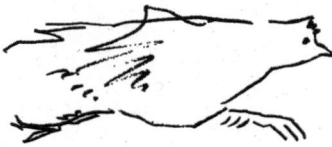

Im Hühnerhaus

Es ist sommerlich warm geworden und so konnten die Krümelmonster zum ersten Mal im Hühnerhaus übernachten, in ihrem abgetrennten Teil mit Hasenkäfig. Wie aufregend! Das Konzept »Schlafhaus« kannten sie noch nicht, weshalb sie in der ersten Nacht alle zusammen auf dem kühlen Boden schliefen. Eines hatte es tatsächlich geschafft, einen Weg durch meine kunstvollen Absperrungen zu finden, und saß morgens oben auf dem Abdecknetz, aber noch innerhalb des Hühnerhauses. Gegen Mittag dürfen sie das erste Mal in ihr eigenes abgetrenntes Gehege, etwa 5 bis 6 Quadratmeter groß, mit echter hoher Wiese!

Wow! Sie sitzen sehr beeindruckt und etwas schüchtern dicht gedrängt auf dem heruntergeklappten Hühnerhaustürchen. Nach einer Weile geht ein mutiges vor und die anderen folgen, zunächst noch zögerlich, dann immer kühner. Nach etwa einer Stunde haben sie das ganze Terrain erobert, ständig aufgeregt zwitschernd und herumlaufend. Die hohen Gräser laden dazu ein, kleine Pfade und Plätzchen zu machen, überall ein bisschen zu scharren, an allem zu knabbern und mal in der Sonne, mal im Schatten zu spielen. Was für ein Unterschied zu dem letzten Hochbeet-Kindergarten! Jetzt haben sie viel Platz und können wichtige Wiesenerfahrungen machen: Wie schmeckt welche Pflanze? Kann man Grassamen fressen?

Wie findet man Regenwürmer? Und wie zerlegt man ein Insekt – wenn man eines gefangen hat?

Dickie hat sich ein kleines bisschen an die jungen Kolleginnen und Kollegen gewöhnt. Manchmal streicht sie unruhig außen am Steckzaun entlang, aber oft sitzt sie und schaut ihnen einfach zu. Die Fütterung ist ein Moment, der ihr alles abverlangt. Gleich neben dem Futterplatz für die Kleinen steht ihr eigenes Futter – sie könnte also einfach dort fressen. Aber das ist nicht dasselbe, es könnte ja sein, dass das Kükenfutter besser schmeckt! Wenn ich ihr aber Kükenfutter anbiete, findet sie es scheußlich und schüttelt nur den Kopf. Nein, es geht ums

Mitfressen oder besser noch ums schnell Wegfressen, denn die Sorge, durch die Neuen nicht mehr genügend Futter zu bekommen, ist doch noch sehr präsent in ihrer Vorstellung.

Sie verleiht ihren aufgewühlten Gefühlen lauthals Ausdruck, während die Kleinen mit viel Gezwitscher so schnell fressen, wie sie können, und dabei keine Notiz von ihr nehmen.

Was schon gut klappt, ist Zusammenrumsitzen. Ich sitze mit Laptop im Schatten neben dem Gehege, Dickie unter meinem Stuhl. Die Kleinen wuseln zuerst in der Nähe meiner Füße auf der anderen Seite des Zauns und legen sich dann auch hin, zur gemeinsamen Mittagsruhe.

Die Halbwüchsigen, inzwischen sechs Wochen alt, haben noch keine eigenen Namen – außer Babypo. Sie heißen kollektiv »Purzelchen«, »Krümelmonster«, »Scheißerle« oder einfach »die Kleinen«. Nun sind sie schon eine Woche im Hühnerhaus mit eigenem Auslauf. Der Auslauf hatte ursprünglich hohes Gras, Kräuter und Wildblumen, die nun schon größtenteils plattgespielt sind. Außerdem gibt es die Reste eines kleinen, an beiden Enden offenen alten Fässchens, in dem vermutlich einmal Sauerkraut angesetzt worden war, als es noch einen Boden hatte. Ein großer Ast, der mit einem Ende auf dem Fässchen liegt und am anderen Ende eine Gabelung hat, welche verhindert, dass er wegrollt, ist beliebter Sitzplatz. Von dort können die Purzelchen nicht nur das Gehege, sondern den ganzen Garten überblicken.

Einzelne Küken schaffen es immer wieder, durch den Steckzaun und das feine

Netz herauszukommen. Sie finden die Welt
außerhalb des Geheges spannend und tun
alles für dieses kleine Abenteuer. Draußen
angekommen, möchten sie aber unbedingt
wieder zurück, denn allein zu sein – etwas entfernt von den anderen –, ist ihnen
unheimlich. Doch in ihrer Panik finden
sie den Rückweg nicht mehr, und so muss
ich immer wieder mal eines zurücksetzen.
Sie kommen durch ganz erstaunlich kleine
Ritzen, so als könnten sie sich zusammen-
falten. Wenn man sie hochhebt, sind sie
auch noch sehr klein und leicht in ihrem
Gefieder, welches sie größer aussehen lässt,
als sie tatsächlich sind.

Juli

Krankheiten und Medikamente

»Sie müssen jetzt ganz stark sein, Frau Braemer!«, sagt der nette Tierarzt, der neben Kenntnissen über Vögel auch viel Menschenkenntnis und Humor besitzt. »Ab jetzt kein feuchtes Futter mehr!« Das ist wirklich hart. Bisher hatte ich den Küken drei Mal täglich ihr geliebtes Kükenmüsli zubereitet, über das sie jedes Mal mit großem Appetit herfielen. Jetzt sollen sie auf das ungeliebte Industriefutter zurückgeworfen werden! Diese Enttäuschung! Zehn Paar Küken-

augen schauen mich ungläubig an. Ich muss wirklich sehr hart sein und gebe stattdessen Dickie eine Extraportion Sonnenblumenkerne. Zwei der Junghühner, Babypo und ein Kollege, hatten hartnäckigen Durchfall und der Blick durchs tierärztliche Mikroskop zeigte, dass es Hefepilze waren, die in dieser Menge in einem Hühnerdarm nichts zu suchen haben. Zu viel Feuchtigkeit! Also gut. Ich nehme mir vor, den Stall gründlich zu reinigen, neuen Sand zu verteilen und den Zaun alle zwei bis drei Wochen so umzustecken, dass es frische Wiese gibt. Alle diese Maßnahmen helfen gegen Krankheiten und Erreger.

Das gekaufte Kükenfutter, vermischt mit teurem Bio-Legemehl, mögen die Küken nicht. Sie stochern darin herum wie Kinder in Spinat und sehen mich ratlos und hungrig an. Gestern kaufte ich einen Sack ganz normales Legemehl bei einer konventionellen Mühle – und die Purzelchen mochten es auf Anhieb! Ich bin erleichtert und weiß nun, dass es mit dem Trockenfutter gut gehen wird. Woran die Kleinen entscheiden, was lecker ist und was nicht, ist ihr Geheimnis, aber sie waren sich alle einig.

Entsprechend energiegeladen kamen sie heute morgen aus dem Stall. Sie flogen und rannten, einige machten Kämpfchen und wirkten insgesamt sehr munter. Sie sind so fix und wendig, dass sie immer wieder Insekten fangen. Zufällig sah ich, wie eines eine Biene erwischte, sie gekonnt so auf den Boden schlug, dass der Stachel abfiel – um dann den Rest genüsslich zu verspeisen. Auch das Wissen um die Gefährlichkeit von Insektenstichen scheint angeboren zu sein, denn ich habe es ihnen nicht gezeigt.

Dickie macht mich wortreich und mit Nachdruck darauf aufmerksam, dass sie noch gar nichts gegessen hat heute – jedenfalls weniger als die Küken! Ihr Ton ist dabei eher

51

bekümmert und etwas vorwurfsvoll, nicht
mehr verzweifelt wie am Anfang.

Die Küken sind jetzt acht Wochen alt.
Immer noch reinige ich jeden Tag den alten
Hasenstall. Dazu lege ich nach bewährter
Methode alte Handtücher unter der Sitzstange aus. Morgens rolle ich die Handtücher zusammen, ersetze sie durch neue.
Das hat den Vorteil, dass der Schlafplatz
so sauber wie möglich ist und dass ich an
den Klecksen sehen kann, wie gesund die
Bewohner sind. »Zeige mir Deine Käckchen
und ich sage Dir, wie es Dir geht.«

Wieder einmal eine Durchfall-Welle. Die
Laboranalyse hat ergeben, dass die Kleinen
Kokzidien haben, nicht ungefährlich! Da
das Hühnerhaus täglich von Horden von

Spatzen besucht wird, werden auch immer
wieder Krankheiten eingeschleppt. Unser
»normaler« Tierarzt ist gerade nicht da. In
der Ersatz-Tierarztpraxis bekam ich eine
Dose mit einem entsprechenden Medikament in Pulverform. Dazu ermunternde
Worte, die Gebrauchsanweisung stehe auf
der Dose. Da diese Medikamente für große
Bestände gemacht werden, muss man als

privater Halter die Menge auf die eigene kleine Anzahl von Tieren herunterrechnen. Ich finde dies nicht einfach – denn natürlich sollte es weder eine zu niedrige noch eine zu hohe Dosis sein. Also rechnen wir zu mehreren. Mit einer Haushaltswaage kann man mehrere Küken wiegen und das durchschnittliche Körpergewicht errechnen. Dann muss auf ein Kilo Lebendgewicht soundsoviel Gramm Pulver genommen und in der Menge Wasser aufgelöst werden, die die Küken pro Tag zusammen trinken. Wir rechnen, bis alle zum selben Resultat kommen. Nach ein paar Tagen werden die Käckchen tatsächlich wieder normal. Halleluja!

Room Service

Sonntagnachmittag bekommen wir Besuch im Garten von unseren deutsch-afrikanischen Freunden. Drei Erwachsene und zwei kleine Kinder, von etwa zwei und einem Jahr. Wir hatten Kuchen besorgt und der große runde Gartentisch unter dem Apfelbaum war gedeckt. Jeder setzt sich auf einen Stuhl. Auch Dickie hüpft auf einen hinauf! Sie tut dies so selbstverständlich, als würden wir das immer so machen! Es war aber das erste Mal, was auch für uns erstaunlich und lustig ist. Die Kinder haben großen Spaß. Das Konzept »Besuch« kommt in der Hühnerwelt eigentlich nicht vor – also dass Fremde verschiedener Größe ins angestammte Revier kommen, eine Weile bleiben und dann wieder gehen. Bisher hatte sich Dickie unseren Menschenbesuch immer zuerst aus sicherer Entfernung angesehen, bevor sie entschied, ob er vertrauenswürdig war oder nicht. Wir finden ihr Verhalten an diesem Tag sehr souverän und erstaunlich angstfrei. Sie tut eben das, was alle tun: zusammen rumsitzen auf Stühlen und Kuchen essen. Dazuzugehören, ist Hühnern genauso wichtig wie uns Menschen.

Unsere afrikanische Freundin Naomi steht voll Staunen vor dem Hühnerhaus, in dem der Schlafplatz für die Küken mit alten, sauberen Handtüchern ausgelegt ist. »Das ist ja wie in einem Erste-Klasse-Hotel!«, ruft sie. So etwas kannte sie aus Afrika nicht. Seitdem heißt das tägliche Saubermachen: »Room Service«.

Im Moment sind alle Hühner gesund, die morgendliche Kotkontrolle ist befriedigend. Die Sauberkeit mit den täglich gewechselten Handtüchern und dem immer wieder mal erneuerten Sand auf dem Boden des Hühnerhauses scheint zu funktionieren.

Die Küken sind glücklich in ihrem neuen Gehege unterm Apfelbaum, in dem sie immer Schatten haben. Das Wetter ist hochsommerlich heiß. Sie sind morgens voller Energie und stürmen/flattern/rennen hinaus, dann gleich wieder zurück und nochmal hin. Es sind so glückliche kleine Wesen, die Grundstimmung ist Begeisterung! Sie freuen sich über das Leben, den Sommer, unsere Anwesenheit und alles, was wir ihnen bieten. Mit diesem Gehege können sie ganz nah an unserem Sitzplatz sein und setzen sich dicht an den Zaun. Eine kleine Henne sitzt besonders gern bei Inge. Immer wenn Inge kommt, ist sie schon da und lässt sich nieder. Inge nennt sie »Nanna«. Neben dem Trockenfutter fressen sie auch gelegentlich Zucchini-Hälften oder Apfel. Das macht Spaß, weil man dieses Futter selbst zerlegen muss. Tante Dickie – ja, man kann inzwischen von »Tante« sprechen – ist inzwischen deutlich gelassener. Ihre Proteste mit »immer« und »nie« sind seltener geworden. »Immer kriegen die was, ich nie!«

Sie hat verstanden, dass ihre Privilegien als Einzelhuhn durch die Anwesenheit der Jugendlichen nicht gefährdet sind, denn sie darf weiter als Einzige im ganzen Garten spazieren gehen, selbstständig Mangold ernten, weiter ihr Zweitnest zur Eiablage nutzen und bekommt immer wieder mal, auf meinem Bein sitzend, geschälte Sonnenblumenkerne und die volle Aufmerksamkeit.

Den nächsten Auslauf will ich so stecken, dass alle, inklusive Dickie, ohne trennenden Zaun zusammenkommen können. Das heißt, dass Dickie und die Kleinen sich dann gemeinsam im gesamten Hühnerhaus und Gehege bewegen können. Ein spannender Moment!

Dass der Zeitpunkt gekommen ist, zeigt Dickie durch ihr Verhalten. Ab und zu setzt sie sich zu den Jungen und gemeinsam praktizieren sie »zusammen Rumsitzen«, mal mit uns, mal ohne uns, noch getrennt durch den Zaun. Wenn eine Gefahr droht, zum Beispiel eine Elster zu neugierig ist oder die graue Katze aus der Nachbarschaft sogar tagsüber durch den Garten schleicht, warnt

Dickie mit dem durchdringend krächzenden Warnruf. Sie passt sehr gut auf, scheint sich für alle verantwortlich zu fühlen. Die Küken verstehen und schauen sofort in die selbe Richtung wie sie. Wir Menschen sehen die »Gefahr« erst viel später, Dickies Wahrnehmung ist deutlich besser als unsere.

Insekten und Hormone

Der Lavendel blüht und durch ihn und die Wildblumenwiese haben wir ein reichhaltiges Angebot für unterschiedliche Insekten im Garten. Entsprechend viel ist los! Es gibt Hummeln, Wildbienen, Honigbienen und Wespen, Schmetterlinge und Käfer, auch

unterschiedliche Spinnen und sogar eine Gottesanbeterin haben wir gesehen! Paradies! Außerdem leben Eidechsen im Garten, die dieses Jahr sogar Junge haben. Eigentlich ist es ganz einfach, so ein Angebot zu schaffen, wenn man einen Garten hat. Man muss die Wiese entsprechend vorbereiten und mit einer möglichst reichhaltigen Wildblumensaat einsäen, sie feucht halten, bis alle

Samen gekeimt und Wurzeln gebildet haben, und sie dann nur noch einmal, am Ende des Sommers mähen. Eine Wildblumenwiese sieht etwas wilder aus als Rasen, ist aber für alle Mitwesen – Wildvögel, Hühner und Insekten – viel interessanter als reines Gras. Jeder findet irgendetwas. Für die Hühner ist es eine Art Schule. Sie lernen den ganzen Tag, knibbeln an Grassamen und zupfen an Kräutern, versuchen, eine Schnecke aus ihrem Gehäuse zu pulen und Insekten zu fangen. Dabei probieren sie, was schmeckt und was nicht. Die Insekten wiederum finden die wechselnden Blütenangebote, die über den ganzen Sommer Nektar und Pollen spenden, attraktiv. Vögel sammeln Nistmaterial und sowohl Samen als auch Insekten für ihre Jungen.

Am Ende des Sommers, wenn alle Pflanzen ihre Samen verteilt haben, mähen wir und machen ein bisschen Heu, welches sich – gemischt mit Lavendel – als Einstreu eignet. Die ätherischen Öle des Lavendels verhindern ein zu rasches Vermehren der Milben im Hühnerstall, die besonders in den warmen Monaten zum Problem werden können. Den Hühnern ist der Duft egal, aber der Mensch freut sich.

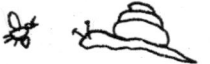

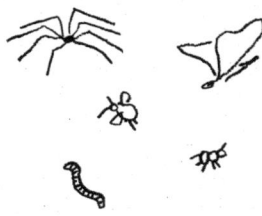

klingendes Sirren ist überall im Garten zu hören, mal intensiver, mal weiter entfernt. Zu sehen bekommen wir sie nicht oft, denn sie sind relativ klein und fliegen hoch. Ihre Rufe haben die gleiche Tonhöhe wie das Kükenzwitschern und sind deshalb nur durch die Richtung – Bienenfresser von oben, Küken von unten – zu unterscheiden.

Dieses Jahr scheint es besonders viele Exemplare der seltenen Vogelart Bienenfresser zu geben, die sich am Kaiserstuhl gut vermehrt hat, da es genügend Insekten gibt. Bienenfresser fressen nicht ausschließlich Bienen, sondern alle möglichen Insekten. Der weiche Löß der Weinberge eignet sich gut für ihre tiefen Bruthöhlen. Ihr wohl-

Die Küken sind mit knapp zehn Wochen schon drei Viertel so groß wie Dickie. Sie sind voller Lebenslust und wachsen täglich. Alle Federn sind ausgebildet und so langsam scheinen auch Hormone ins Spiel zu kommen, denn die spielerischen Hahnenkämpfchen werden ernster. Dabei springen die beiden Kontrahenten mit gesträubten

Halsfedern voreinander auf und ab und versuchen möglichst groß und imponierend auszusehen. Dazwischen bleiben sie wie versteinert stehen und fixieren sich gegenseitig. Was jetzt noch lustig aussieht, wird später zum ernsthaften Kampf, wenn jeder der Hähne versucht, der Ranghöchste zu sein und die Hennen für sich allein zu beanspruchen. Dann kann zu diesen Rangkämpfen auch noch Krähen hinzukommen, was bei mehreren Hähnen richtig laut – und für menschliche Ohren durchaus störend werden kann.

Deswegen müssen die Hähne dann reduziert werden, ein Gedanke, dem ich noch gar nicht nachgehen mag. In letzter Konsequenz heißt dies nämlich, dass die jungen Hähne dann geschlachtet oder in eine noch hahnlose Gruppe von Hennen gegeben werden müssen. Aber diese Gruppe Hennen muss man erst mal finden!

Inge und ich sitzen nachmittags bei den Halbwüchsigen und versuchen am Verhalten zu erkennen, wie viele Hähne es vermutlich sein könnten. Noch sehen alle bis auf kleine Unterschiede in der Körpergröße gleich aus. Kämme und Kehllappen sind in Ansätzen da, aber noch sehr klein. Wir tippen auf zwei oder drei Hähne, natürlich hoffen wir, dass es so wenige wie möglich sind. Babypo, immer noch der kleinste, zeigt am deutlichsten männliches Verhalten. Er ist schnell und frech, fordert andere zu Kämpfchen auf und springt friedlich ruhenden Kolleginnen und Kollegen auf den Rücken – vielleicht eine Art Übung für seinen späteren Job des Bespringens. Die jungen Hennen sind einfach nur genervt von diesen Aktivitäten und protestieren kurz, kümmern sich aber ansonsten nicht weiter um dieses rüpelhafte Benehmen.

Die Unterscheidung der großen »Kleinen« beschäftigt uns immer wieder. Sollen wir ihnen Farbklekse aus ungiftiger Farbe auf den Rücken tupfen? Oder farbige Ringe an den Füßen befestigen? Das Letztere erscheint unpraktisch, weil sie Federn an den Füßen haben, die nicht gut in Ringe passen und mit Matsch eventuell zu Entzündungen führen könnten. Außerdem wachsen die

Füße noch so schnell, dass die Ringe mehrmals ausgetauscht werden müssten.

Gemeinsames »Chicken Chillen« in der Mittagshitze. Unterm alten Apfelbaum ist genügend Schatten für uns alle. Die Krümelmonster setzen sich entlang des Zauns, ich sitze auf der anderen Seite und schreibe. Dickie ist irgendwo in der Nähe. Es ist über 30 Grad Celsius warm, aber es geht ein leichter Wind. Manche der Purzelchen schlafen in der Hitze auf dem Bauch, mit auf dem Boden liegendem Kopf. Wahrscheinlich kühlt das Gras ein wenig. Andere lassen den Kopf zu Boden sinken, bis der Schnabel auf dem Boden steht wie ein kleiner Fahrradständer. Wieder andere nutzen das

Gewebe des Steckzauns als »Kopfkissen«, zum Anlehnen, oder benutzen ihren Schnabel wie einen Haken, den sie in den Steckzaun hängen. Sie schlafen tief in meiner Gegenwart, denn sie fühlen sich sicher. Von oben sind wir vor den Blicken der Bussarde geschützt, deren schöne Schreie hoch im Himmel zu hören sind.

Demokratie beim Schlafengehen

Das abendliche Schlafengehen ist ein unterhaltsames Schauspiel, welches ungefähr eine halbe Stunde dauert. Wenn es dämmert, gehen alle Hühner von selbst ins Hühnerhaus. Dickie geht schnurstracks die Hühnerleiter hinauf in »ihr« Schlafzimmer und setzt sich auf ihren Platz auf einer der beiden Schlafstangen. Bei den Kleinen dauert alles viel länger. Einige setzen sich auf die Stange im alten Hasenkäfig. Dann fällt ihnen ein, dass sie vielleicht noch etwas trinken oder ein paar Krümel picken könnten, und sie hüpfen wieder herunter. In der Zwischenzeit wurde der Platz aber besetzt, sodass sie sich nun dazwischenschieben müssen, damit alles wieder stimmt. Es gibt die Möglichkeit, mit dem Kopf zur Wand oder zur offenen Seite des Hasenstalls auf der Stange zu sitzen. Das muss auch ausprobiert und gegebenenfalls ein paar Mal gewechselt werden. Die Heranwachsenden sind inzwischen so groß, dass alle zehn gemeinsam

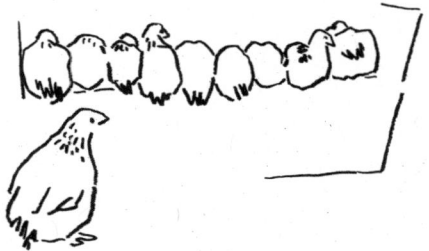

nur sehr eng zusammengedrückt auf die Stange passen. Und so gibt es ein Rutschen und Hinauf- und Herunterhüpfen, sich Dazwischenschieben und doch wieder den Platz Wechseln, bis schließlich neun auf der Stange sitzen – die schon sehr voll aussieht. Da fällt einem in der Mitte ein, dass es doch lieber mit dem Kopf in die andere Richtung sitzen möchte. Es steht auf und fängt an, sich zu drehen. Da das aber viel Platz beansprucht, müssen schließlich alle noch einmal aufstehen, was wieder Unruhe bringt. Es erinnert an zu spät kommende Kino- oder Konzertbesucher, für die eine ganze Reihe aufstehen muss, um sie an ihren Platz zu lassen. Das eben noch letzte Huhn hüpft während dieser Unruhe auch noch auf die

Stange und macht es sich bequem – und ein anderes ist nun das letzte, welches keinen Platz mehr findet ...

Dies alles dauert etwa eine halbe Stunde, bevor mit zunehmender Dunkelheit tatsächlich alle – etwas zusammengedrückt – nebeneinander auf der Stange sitzen und Ruhe einkehrt. Manchmal schläft auch eines auf dem Boden. Das Ganze geschieht sehr ruhig und friedlich, ohne Meinungsverschiedenheiten oder Streit. Noch ist es ein friedlicher und gleichberechtigter Umgang miteinander, ungetrübt von ernsthaften Rangordnungs-Rangeleien, aber gerade deswegen auch langwierig – wie alle demokratischen Prozesse eben.

Unsere kleinen Rituale

Hühner lieben Regelmäßigkeit und Zuverlässigkeit. Morgens gehe ich meist im Nachthemd mit irgendwas drüber in den Garten, um alle Gefiederten herauszulassen. Sie sind schon seit Tagesanbruch wach und warten. Die Freude ist groß und die Kleinen stürmen los, sobald ihr Türchen geöffnet ist. Dickie, noch etwas verschlafen, vergisst nie, mich nachdrücklich an eine ihrer Einzelhuhnprivilegien zu erinnern, nämlich auf meinem Bein sitzend Sonnenblumenkerne zu frühstücken.

Ich lasse Dickie aus dem Gehege, setze mich hin und lege die Beine hoch. Dickie überlegt eine Weile, welche Seite wohl zum

Hochspringen geeigneter ist, entscheidet sich wie meistens für rechts – und springt. Wenn sie satt ist, bleibt sie noch eine Weile sitzen, bis sie wieder herunter springt. Dabei unterhalten wir uns ein bisschen. Manchmal machen wir das auch erst nach dem »Room Service«.

Irgendwann am Vormittag ist »Room Service«. Das eigens zubereitete Müsli wird serviert. Während alle damit beschäftigt sind, zu fressen, kann ich in Ruhe die Handtücher auswechseln, das Trinkwasser erneuern und die Futterbehälter nachfüllen. Wenn es sehr heiß ist, wie jetzt gerade, gibt es nachmittags noch ein Stück gekühlten Eisberg-Salat, das Hühnereis, welches von allen gern gefressen wird. Dickie bekommt

natürlich ein eigenes Stück, findet aber das der Küken interessanter.

Abends ist Reinkommen angesagt. Die Kleinen warten am Zaun. Oft gibt es noch etwas im Stall für sie, zum Beispiel Haferflocken, um mir Zeit zu geben, die Türchen zu schließen. Dickie ist meist schon drin und setzt sich in ihrem (noch) privaten Schlafraum auf die Stange. Die Küken wurschteln, bis sie die ideale Sitzordnung gefunden haben.

Wir sind gespannt, wie die Schlafordnung sein wird, wenn der Durchgang zwischen beiden Seiten des Stalls geöffnet wird und sowohl die Kleinen als auch Dickie hingehen können, wo sie wollen.

August

Kluges Huhn

Morgens teilt Dickie immer wieder mit, dass sie gerne das Frühstück auf meinem Bein einzunehmen gedenkt. Alles klar, das sagt sie fast jeden Morgen. Sie muss sich nur ein bisschen gedulden. Sobald ich fertig bin, lasse ich Dickie und mich aus dem Gehege und wir folgen ihrem Wunsch nach bewährtem Schema. Aber während sie auf meinem Bein sitzend eifrig pickt, hört sie dieses Mal nicht auf zu sprechen! Außer den üblichen gelegentlichen Lauten des Wohlgefallens, gibt es noch etwas anderes, was sie mir mitteilt –

und zwar mit vollem Schnabel und einer gewissen Dringlichkeit, die ungewöhnlich ist. Was möchte sie mir sagen? Nachdem sie satt ist, springt sie wie immer von meinem Bein, trinkt ein paar Schlückchen Wasser und schreitet dann zurück in Richtung Gehege – und nicht wie sonst in Richtung Garten. Ungewöhnlich. Dabei schaut sie sich nach mir um, immer noch ständig sprechend. Sie möchte, dass ich mitkomme. Also lasse ich sie wieder ins Gehege – und sie geht hinauf zum Legenest, um ein Ei zu legen.

Ach, das hatte sie gemeint! Sie wollte sagen, dass sie auf jeden Fall ihr Frühstück auf meinem Bein einnehmen, aber danach gleich wieder reingelassen werden wollte, denn das schön gelegene Zweitnest liegt vormittags in der prallen Sonne und ist um diese Jahreszeit viel zu heiß! Sie hatte also vorausgedacht und wollte mich schon mal darauf hinweisen, dass es eben nicht nur um das übliche Frühstück ging, sondern noch um einen zusätzlichen Wunsch danach! Ein Huhn, das vorausdenkt und die lange Leitung des betreuenden Menschen gleich mit einplant! Ich bin mal wieder beeindruckt von Dickies geistigen Fähigkeiten.

Menschen, die von »dummen Hühnern« sprechen, haben noch nicht genau hingesehen. Mein Eindruck ist, dass Hühner alles andere als dumm sind, dass ihre Art der Intelligenz der unseren sogar ähnlich ist, auch wenn wir nicht alles verstehen, was in ihnen vorgeht. Sie schaffen es, sich vorzustellen, wie wir »ticken«, und kommunizieren dann entsprechend. Das ist eine enorme Leistung, denn sie erfordert die Fähigkeit, sich in ein anderes Wesen hineinzuversetzen. Was machen wir Menschen nicht alles an Dummheiten, obwohl wir doch angeblich die »Krone der Schöpfung« sind und das größte Gehirn besitzen? Wir sind die einzige Spezies, welche – wider besseren Wissens! – dabei ist, die eigene Lebensgrundlage – und die aller Mit-Wesen – gründlich zu zerstören! Lässt das auf besondere Intelligenz schließen? Ich finde nicht. Ein großes Hirn ist die eine Seite, wie es genutzt wird, eine ganz andere.

Wenn ich die Intelligenz von Hühnern mit meiner eigenen vergleiche – wenn man das so sagen kann –, fällt mir auf, dass sie offenbar ein ganz anderes räumliches Vorstellungsvermögen haben als ich. Ein Weg von A nach B kann ein Huhn überfordern, wenn er nicht direkt ist, sondern einen Umweg erfordert. Sobald der Umweg bekannt ist und ein paar Mal gegangen wurde, ist auch er kein Problem mehr.

Geöffnete Grenze

Der große Moment ist da! Nun ist die Abgrenzung im Hühnerhaus offen. Dickie geht selbstbewusst und ihrer Rolle als Ranghöchste sicher, immer wieder zum Kükenfutter, um demonstrativ davon zu fressen – obwohl sie es nicht mag. Natürlich darf in dieser Zeit niemand anderes fressen. Heute sind die Kleinen drei Monate alt und die Pubertät hat nun sicht- und hörbar begonnen. Ein wichtiges Ereignis! Die Kämme auf den Köpfen der jungen Hähne wachsen – und sie haben Stimmbruch! Total süß. Während sie ihr normales Kükenzwitschern machen, kommt es immer wieder vor, dass ein viel tieferes »Gack« herausrutscht. Die Schlafstellen werden immer kühner, inzwischen schlafen sie auch auf dem Hasenkäfig, auf der Hühnerleiter – und gestern wollte eines neugierig zu Dickie hineingehen, bekam aber sofort einen heftigen Schnabelhieb ab. Dickie möchte diese wuselnde Schar nicht auch noch in ihrem Schlafzimmer haben! Schlimm genug, dass sie mit im Hühnerhaus sind! Die Kleinen haben großen Respekt vor ihr und halten Abstand. Abends demonstriert Queen Dickie ihre Vormachtstellung, indem sie sich auf den Hasenkäfig setzt und keinen anderen Artgenossen ins Hühnerhaus lässt.

Die Prozedur des Schlafengehens wird immer komplexer. Sie hat ganz unmittelbar mit der Hierarchie der Hühnergesellschaft zu tun, denn wer am höchsten schläft, ist – ganz wörtlich – der oder die Größte! Entsprechend langwierig ist es für die Hühner, den »richtigen« Platz auf der Schlafstange zu finden.

In einer Gruppe, in der die Rangordnung noch nicht festgelegt ist, gibt es viel Hin und Her, viel Ausprobieren, ach nein, doch nicht, noch eine andere Stelle testen, dazwischen noch schnell runter, ein Körnchen picken, ein Schlückchen trinken. Der Schlafplatz will sorgfältig gewählt sein und das Gewusel zieht sich jeden Abend mindestens eine halbe Stunde lang hin. Wir sitzen vor dem Hühnerhaus, schauen Abendkino und amüsieren uns.

Im Schlaf- und Legeraum sind zwei gleich hoch angebrachte Schlafstangen. Dickie sitzt oder steht auf der vorderen Schlafstange und protestiert leise, denn sie merkt, dass sie der Übermacht der Invasion nicht mehr lange standhalten kann. Zunächst versuchte sie, die Eindringlinge mit Schnabelhieben aus »ihrem« Reich fernzuhalten, aber das hat sie inzwischen aufgegeben. Die Kleinen respektieren sie zwar noch, sind zugleich aber von einer unbändigen Neugier getrieben und möchten furchtbar gern auch auf einer der »großen« Schlafstangen sitzen. Dort zu schlafen, ist das, was Erwachsene machen – und wie alle Heranwachsenden möchten sie auch gerne so sein wie die Großen.

Vor dem Durchgang zu Dickies Schlaf- und Legeraum gibt es regelmäßig Staus von Neugierigen, die von hinten die Vordersten in den Raum drängen und schubsen. Wenn diese dann aus lauter Respekt vor Dickies Schnabel doch lieber zurück Richtung Hasenkäfig wollen, müssen sie über die anderen klettern und gleichzeitig durch den Durchschlupf, was natürlich eng und mit viel Unruhe und Gezwitscher verbunden ist. Und doch schaffen es immer wieder einzelne Jugendliche, an Dickie vorbei auf die hintere Schlafstange zu gelangen. Dort sitzen sie dann und versuchen, möglichst unauffällig dicht nebeneinander mit der Wand zu verschmelzen. Es ist eine Frage der Zeit, wann alle dort schlafen möchten. Bis

dahin lassen wir den alten Hasenkäfig noch
stehen und hoffen auf Dickies Großmut.
Eigentlich ist sie eine sehr tolerante Henne, aber die Übermacht der vielen neuen
Mitbewohner in ihrem Schlafhaus macht
ihr doch ziemlich zu schaffen!

Prinzen und Prinzessinnen

Nun ist klar: Wir haben vier Hähne und sechs Hennen, wir sehen es deutlich. Die jungen Hähne sind um einiges größer als die jungen Hennen, haben sichtbare, rasch wachsende Kämme – und die Hahnenkämpfe, die bisher noch wie Spiele aussahen, werden ernster. Dabei stehen zwei Junghähne voreinander, fixieren sich gegenseitig scharf und springen dann mit gesträubtem Halsgefieder hoch, um sich gegenseitig einzuschüchtern. Dann wird wieder fixiert, beide reglos, dann wieder Hüpfen und Tanzen mit gesträubten Halsfedern. In der Sommerhitze kann es passieren, dass beiden die Lust an diesen anstrengenden Rangordnungs-Rangeleien vergeht und sie sich – friedlich nebeneinander – ins kühle Gras setzen, um auszuruhen. Auch der Stimmbruch zeigt sich immer deutlicher. Zwischen dem gewohnten Gezwitscher gibt es immer

wieder mal viel tiefere, raue »Gackgacks«,
besonders bei Aufregung. Wir sind schon
gespannt auf erste Kräh-Versuche.

Wie alle zwei bis drei Wochen stecke ich ein
neues Gehege mit Netz darüber, gegen He-
rausflattern von innen und Greifvögel von
außen. Das ist in dieser Hitze richtig Arbeit
und dauert etwa zwei schweißtreibende

Stunden. Unsere Prinzen und Prinzessinnen
liegen in dieser Zeit im schattigen Hühnerhaus und sehen entspannt zu.

    Die Gehege sind mit den jungen Hen-
nen und Hähnen gewachsen. Sie wurden so
gesteckt, dass es immer genügend Platz und
Auslauf, Schatten und Versteckmöglichkei-
ten gab. Dieses Gehege hat nun die gesamte
Breite des Gartens erreicht und umfasst
die hintere Hecke, ein paar Obstbäume
und viel ungemähte Wiese. Die jugendlichen Hühner freuen sich über alles, was sie
entdecken dürfen, und erkunden ihr neues
Terrain innerhalb weniger Tage. Es gibt viel
zu tun. Ameisennester, von denen es dieses
Jahr wegen der Trockenheit viele gibt, sind
sehr interessant. Sie werden untersucht und

wenn möglich geplündert, denn die Puppen schmecken besonders lecker. An Gräsern und Kräutern wird geknibbelt und gepickt, der Mulch in der noch jungen Hecke weggescharrt und genaustens durchsucht. Auch den kühlenden feuchten Sand in der niedrigen Wanne haben manche schon für sich entdeckt (siehe Anhang »Hitze/Kälte«, S. 131).

In der heißesten Zeit des Tages sind die Aktivitäten eingeschränkt. Morgens ausgiebig frühstücken, ein bisschen Flattern und Fliegen, zu mehreren auf der großen Trotte (südwestdeutsch und schweizerisch für »[alte] Weinkelter«) sitzen. Mittags dann am kühlsten Plätzchen im Hühnerhaus oder im dichtesten Schatten ausruhen, manchmal stundenlang auf der Seite oder auf dem Bauch liegend, um noch ein wenig Kühle des Bodens aufzunehmen. Erst gegen Sonnenuntergang nehmen die Aktivitäten wieder zu und richtig aktiv sind alle kurz vorm Schlafengehen, wenn die Kühle der Dämmerung einsetzt. Dann wird wieder geflattert und gerannt, es finden Hahnenkämpfe und andere Wettbewerbe statt. Wie viele Hühner können gleichzeitig auf einer Trotte sitzen ohne herunterzufallen? Wer schafft es, am dichtesten bei uns zu sitzen? Babypo, der sich zu einem stolzen Hahn entwickelt, hat inzwischen den Namen »Charlie« erhalten, denn »Babypo« erschien uns nicht männlich genug. Charlie heißt er deswegen, weil er wegen der gefiederten Füße von hinten aussieht wie die Figur des Tramps von Charlie Chaplin, besonders wenn er rennt. Charlie sitzt gerne bei uns. Und dann gibt es noch die kleine Henne »Nanna«, die am liebsten in Inges Nähe sitzt. Wir erkennen Nanna an der An-ordnung ihrer schwarzen Federchen auf weißem Grund – aber die Frage nach einer gut sichtbaren Kennzeichnung der Jugend-lichen wird immer drängender. Die über-einander liegenden Federn der Halskrause verschieben sich bei jeder Bewegung, d.h. dass das wiedererkennbare Muster nur ge-legentlich zu sehen ist. Wenn Inge mit dem Foto-Stativ in das Gehege geht, setzen sich einige der Jugendlichen gemütlich zwischen die Stativbeine. Dass sie dann nicht mehr zu fotografieren sind, stört sie nicht.

September

Charlie

In der erbarmungslosen Hitze der letzten Augusttage fällt uns einer der kleinen Hähne auf, der sich aus dem allgemeinen Getümmel zurückgezogen hat und ganz allein im Schatten sitzt. Es ist Charlie, der an einem fürchterlichen Durchfall leidet. Ich nehme ihn auf den Schoß und er ist so kraftlos, dass er dies ohne Widerstand geschehen lässt. Er setzt sich und schließt die Augen. Auf seinem Kopf ist ein kleines, tiefes, fast verheiltes Loch – gewiss eine Zurechtweisung der strengen Tante Dickie. In regel-

mäßigen Abständen kommt ein wässriger, waagerechter Strahl aus Charlies Hinterteil, also höchste Zeit, ihn mit genügend Flüssigkeit und dem richtigen Medikament zu versorgen! Ein Käfig in meinem Schlafzimmer ist schnell einzugsbereit, Wasser und etwas Futter sind auch schon da. Charlie nimmt alles gern an und trinkt erst mal sehr viel. Danach setzt er sich erschöpft auf die Handtücher, die ich ihm als »Nest« an einem Ende des Käfigs bereit gelegt habe. Eine Kotprobe zu ergattern, ist nicht einfach, denn das, was er von sich gibt, ist überwiegend Wasser. Trotzdem gelingt es dann doch. Unser vogelkundiger Tierarzt ist natürlich im Urlaub – wie oft in solchen Notfällen – und ich muss die Kotprobe bei einer anderen Tierarztpraxis abgeben, welche die Proben – anders als »unser« Tierarzt, der ein Mikroskop in der Praxis hat und sofort nachsehen kann – in ein Labor schickt. Die Ergebnisse kommen dann zwei bis vier Tage später. Wertvolle Zeit verstreicht! Charlie erholt sich aber auch ohne Medikamente ein wenig. Allein das viele Trinken, kleine Mengen Futter und vor allem die Ruhe tun ihm gut. Er schläft viel. Zufällig entdecke ich, dass er weiches Futter bevorzugt, also bekommt er gekochte Kartoffeln, Reis und Eier. Er frisst immer wieder kleine Portionen, die dann leider sehr schnell seinen Körper wieder verlassen. Endlich kommen die Resultate aus dem Labor. Mit einem Antibiotikum geht es ihm jeden Tag besser und

sein Appetit nimmt deutlich zu. Allerdings muss ich ihm die Arznei in den Schnabel geben. Dazu wird er, auf meinem Schoß sitzend, mit einem Arm sanft festgeklemmt und mit einem Finger wird der Schnabel offen gehalten. Eine Zumutung für einen jungen Hahn! Mit der anderen Hand gebe ich ihm mittels einer Pipette die Flüssigkeit in den Schnabel und massiere seine Kehle, bis er sie geschluckt hat. Anschließend versuche ich noch vorsichtig, Kieselgur, ein ungiftiges Puder, das aus Kieselalgen hergestellt wird und gut gegen Ungeziefer hilft, ins Gefieder zu massieren, was er zunächst auch nicht besonders mag. Wenn wir dann fertig sind, schüttelt er sich kurz und fängt an, sich auf meinem Schoß zu putzen, ein Zeichen von

Entspannung. Nun ist alles gründlich einge-
pudert, vor allem die nähere Umgebung in
meinem Schlafzimmer und ich. Nach kurzer
Zeit ärgern ihn die Milben, die in der heißen
Jahreszeit die Hühner oft plagen, weniger
(siehe Anhang »Ungeziefer«, S. 133), nur die
nachwachsenden Federn jucken noch.

Nach ein paar Tagen kennt Charlie die
morgendliche Prozedur und wehrt sich weniger. Er scheint es sogar zu genießen, auf
meinem Schoß zu sitzen und ein bisschen
gekrault zu werden. An manchen Tagen sitzt
er bis zu zehn Minuten still da, schließt die
Augen, genießt die Wärme und die krau-
lende Hand. Sein Appetit nimmt stetig zu,
sein Kot nähert sich manchmal einer etwas
festeren Konsistenz, ist aber immer noch
nicht normal. Er spricht noch überwiegend
»Kükensprache« mit mir, nur wenn er mehr
Futter oder Gesellschaft möchte, ruft er mit
einem Geräusch, das wie eine kleine Zwei-
Ton-Fahrradhupe mit Gummiball klingt und
vermutlich erste, kräftige Kräh-Versuche
sind. Ich freue mich über alle Anzeichen

zunehmender Vitalität! Er wiegt jetzt genau ein Kilo. Wenn Hähne seiner Rasse ausgewachsen sind, wiegen sie bis zu fünf Kilo.

Charlie schläft nachts immer noch in meinem Schlafzimmer. Da es ihm aber täglich besser geht, ist er tagsüber im Freien. Er hat ein eigenes kleines Gehege mit Schatten auf der Wiese, in dem er sich sichtlich wohl fühlt. Das Gehege ist nah am Hühnerauslauf, damit Charlie und seine Kolleginnen und Kollegen sich sehen und wieder aneinander gewöhnen können. Gelegentlich gibt es kleine Angebereien zwischen den jungen Hähnen auf beiden Seiten des Zauns, wie demonstratives Scharren, Rückwärtsgehen und gegenseitiges Beäugen mit gesenktem Kopf.

Zwischen den Welten

Das abendliche Schlafengehen im Hühnerstall ist immer noch sehr aufregend für alle Beteiligten, denn es bahnen sich große Veränderungen an. Tante Dickie geht meist ohne Umwege vor und setzt sich auf ihren angestammten Platz. Die Kleinen erobern sich jeden Abend etwas mehr Territorium in Dickies Schlafraum, indem sie mit freundlicher Hühnerbeharrlichkeit – und schlichter Überzahl – immer mehr Platz vereinnahmen. Dickie ist mürrisch und pickt auch hin und wieder, kann aber an den geschaffenen Tatsachen nichts ändern. Widerstand zwecklos. Die Küken schlafen erst zu zweit, am nächsten Abend zu fünf, dann zu acht und schließlich alle auf »Dickies« Schlafstangen. Nun ist es Zeit, den alten Hasenkäfig aus dem Hühnerhaus zu schaffen.

Dickie ist immer noch nicht bereit, ihre Artgenossen (die mit 14 Wochen schon ihre Größe erreicht haben, auch wenn sie noch deutlich weniger wiegen als sie) als gleichberechtigt zu akzeptieren. Die Benutzung der Schlafstangen gestattet sie widerwillig, Futter möchte sie am liebsten gar nicht teilen. Die »Kleinen« haben noch großen Respekt vor ihren Schnabelhieben und halten einen halben Meter Sicherheitsabstand. Einige haben Spuren ihrer Hiebe am Kopf – manchmal fließt sogar etwas Blut! Wenn Dickie sich aussuchen darf, ob sie lieber ihre Privilegien als Einzelhuhn wahrnehmen oder bei den anderen im Stall und Gehege bleiben möchte, kann sie sich nicht entscheiden. Sie steht auf der Schwelle des Hühnerhauses und überlegt lange hin und her, was an der wechselnden Blickrichtung – mal zu den Kleinen im Stall, mal in den Garten – zu sehen ist. Garten bedeutet, dass die Kleinen dann ungestört ans Futter könnten

... andererseits bedeutet Garten aber auch in Ruhe spazieren gehen zu können und eventuell Leckerlis zu bekommen, Mangold zu ernten und auf Lieblingsplätzchen sitzen zu können, ohne teilen zu müssen ... Man sieht, wie es in ihr arbeitet. Schließlich können die Sonnenblumenkerne sie überreden, aus dem Stall zu kommen, denn diese gibt es ausschließlich außerhalb. Die Kleinen vergewissern sich, dass die strenge Tante weg ist, schauen sicherheitshalber noch ein paar Mal zu Dickie auf meinem Bein und in den leeren Stall, einigen sich dann, dass die Luft rein ist, und stürzen sich auf das Frühstück! Es ist alles nicht so einfach mit der Hierarchie in einer Hühnergesellschaft. Nicht umsonst wird diese auch als »Hackordnung«

bezeichnet. Angestammte Rechte aufzugeben und Wichtiges zu teilen, fällt Hühnern genauso schwer wie manchen Exemplaren meiner eigenen Spezies.

Charlies Genesung

Wenn man einen heranwachsenden Hahn im Schlafzimmer hat, ist an Ausschlafen natürlich nicht zu denken! Er hat sich inzwischen angewöhnt, spätestens um sieben Uhr zu krähen – was ja auch sein Job ist. Ich eile dann, um ihm das Frühstück zu bringen, denn dann hat er einen vollen Schnabel und hört auf zu krähen – und schon hat er mich erzogen! Die anderen Menschen im Hof haben sich inzwischen an den morgendlichen Weckruf gewöhnt, der auch bei geschlossenen Türen erstaunlich laut zu hören ist. Charlie hat eine angenehm weiche Stimme, mit der er immer die gleichen zwei Töne, eine kleine Sekunde auseinander, »singt«. Es klingt ein bisschen melancholisch. Inge sagt, es hieße: »Hunger!«

Am liebsten frühstückt er ein gekochtes, klein geschnittenes Ei mit geschrotetem Hühnerfutter und Haferflocken. Danach bekommt er seine Medikamente und als Belohnung fürs Mitmachen noch ein paar Mehlwürmer. Die Mehlwurmzucht steht momentan aus praktischen Gründen am Fußende meines Bettes. Tagsüber ist Charlie in seinem kleinen Gehege in Sichtweite der Kollegen und Kolleginnen. Als ich sein Gehege zu dicht an den Zaun der anderen platziert hatte, kämpften er und die anderen Hähne durch den Zaun hindurch, was an Blutspuren an Charlies Kamm deutlich zu sehen war. Nun ist sein Gehege etwas weiter entfernt – und aus hygienischen Gründen alle zwei Tage an einem neuen Fleck auf der Wiese.

Unser »normaler« Tierarzt ist wieder da – und möglicherweise hat er nun die Ursache für die immer noch nicht enden wollenden Durchfälle gefunden: ein Krankheit erregender Einzeller, der sich im Blinddarm versteckt hatte! Charlie und die anderen sind jetzt vier Monate alt, er wiegt inzwischen 1900 Gramm, ist also gut gewachsen trotz der anhaltenden Verdauungsstörungen. Wir bekommen das entsprechende Medikament mit nach Hause und es wirkt rasch.

Herbst

Das Wetter wird langsam herbstlich, die Luft ist voll vom Gezwitscher der Schwalben, die sich für den langen Flug nach Afrika sammeln. In den Hochbeeten wachsen viele Tomaten, Zucchini und Kürbisse – die Kükendüngung dort bewirkt eine erstaunliche Fruchtbarkeit und außergewöhnlich reiche Ernte! Die Astern beginnen zu blühen, es wird Herbst. Die speziell für Insekten gepflanzten kleinen Büsche ausdauernden Bergbohnenkrauts sehen mit ihren kleinen weißen Blüten sehr hübsch neben den leuchtend blauen Bartblumen aus. Die Lavendelbüsche summen. In den Buddleja-Sträuchern ist immer noch viel los. Einige Rosen blühen noch, die Hibiskus-Bäumchen mit ihren Rosatönen zwischen Blau und Weiß leuchten spätsommerlich-festlich. Erste Blätter fallen. Noch ist es tagsüber sehr warm, aber die Nächte werden glücklicherweise kühler. Im Dorf wird »geherbschdet«. Die Winzer fahren von Tagesanbruch an große Bottiche voll frisch geernteter Trauben in die Höfe, wobei eine klebrige Spur aus Traubensafttropfen auf der Straße entsteht. Es ist die wichtigste Zeit des Jahres für die Winzer. In der Schule gegenüber werden Erstklässler eingeschult. Inge erlebt zufällig eine nette Szene, beim draußen stattfindenden Unterricht, in dem es um Bäume geht. »Das hier ist eine Eiche«, sagt die Lehrerin. Alle Kinder schauen den Baum an, befühlen seine Rinde. »Weiß jemand, wie die Samen heißen?« »Eicheln«, sagt ein kleines Mädchen mit Brille. »Gut«, sagt die Lehrerin und geht ein paar Schritte weiter. »Und das hier ist eine Buche.« Die Kinder wechseln zum nächsten Baum und schauen hinauf. »Und wer weiß, wie seine Samen heißen?« Schweigen. Dann sagt ein kleiner Junge: »Bücher!«

Noch ist Charlie in seinem kleinen Gehege in Sichtweite der anderen. Ganz »Gentle-Hahn« bietet er mir charmant, mit dem glucksenden Geräusch, mit denen ein Hahn seine Hennen auf eine leckere Futterquelle hinweist, vom Regen eingeweichte Körner auf der Wiese an. Überhaupt ist er liebenswert und ruhig. Als er noch im Käfig bei mir im Zimmer schlief, sprach er mich meist mit Kükengezwitscher an, sozusagen in Kindersprache. Dazwischen aber kräht er inzwischen wie ein ausgewachsener Hahn mit einem vollständigen »Kikerikieeee«! Das Krähen ist sehr kräftig und überall im Hof gut zu hören.

Dickie hat heute extrem schlechte Laune. Die wuselnde Horde ist nicht wieder verschwunden, wie sie vermutlich gehofft hatte, sondern macht sich immer selbstverständlicher im Hühnerhaus breit. Innerhalb weniger Tage fressen die kleinen Monster einen gefüllten Futterbehälter leer, sie sind groß und stark geworden. In wenigen Wo-

chen fangen die jungen Hennen an zu legen. Inzwischen sind alle größer als Dickie, respektieren sie aber noch. Die jungen Hähne überragen Dickie und die anderen Hennen deutlich. Sie sind zu sehr mit sich selbst und ihren Männlichkeitsritualen beschäftigt, um überhaupt Notiz von den Damen zu nehmen. Beim Schlafengehen gibt es manchmal heftiges Gegacker – immer dann, wenn Dickie wieder einen Schnabelhieb ausgeteilt hat. Außerdem sind gerade alle in der Mauser, wechseln ihr Gefieder. Das strengt an. Bei den »Kleinen« lichtet sich das Gefieder nach und nach, es fallen große und kleine Federn, die sich an manchen Stellen im Gehege sammeln. Dickie hat eine besonders heftige Mauser und sieht regelrecht gerupft aus! Ihre Schwanz- und Schwungfedern sind weg, der Kragen um den Hals sieht aus wie ein zarter Schleier, durch den man die nachwachsenden Borsten – die Kiele der neuen Federn – sehen kann. Und so geht sie – missmutig und struppig – im Garten umher, kommt manchmal kurz am Gartentisch vorbei oder besucht Charlie in seinem kleinen Extra-Gehege, möchte aber nicht

einmal Sonnenblumenkerne und würdigt mich keines Blickes!

Sie ist richtig beleidigt! Gelegt hat sie schon seit mindestens zwei Wochen nicht mehr.

Armes Huhn! Ich wünschte, ich könnte mit ihr sprechen, um sie ein bisschen zu trösten.

Wir hatten so sehr gehofft, dass sie zu einer gütigen Tante würde, die freundschaftliche Gefühle für ihre jungen Kolleginnen und Kollegen entwickelt – aber so sieht es nicht aus. Später gebe ich ihr Mehlwürmer als Trost und ihre Stimmung wird schlagartig besser.

Ein Wurm sagt mehr als tausend Worte.

Vier Hähne

Nun haben wir also vier halbwüchsige
Hähne, von denen einer schon richtig kräht.
Zeit, etwas zu unternehmen, um mindestens
drei davon anderweitig unterzubringen. Am
liebsten würde ich für jeden von ihnen eine
eigene Schar junger Hennen finden, so wie
es die Natur eigentlich vorgesehen hat. Aber
wo?

Plan B ist, dass die Hähne einzeln von
hühnerfreundlichen Menschen aufgenom-
men werden, weiterwachsen dürfen, bis sie
mindestens ein Jahr alt sind – jetzt sind sie
etwas über vier Monate jung –, und dann
von jemandem geschlachtet werden, der
oder die das gut kann.

Ich frage im Freundes- und Bekannten-
kreis herum und hoffe, auf diese Weise
ein neues Zuhause für die Jungs zu finden.
Für uns ist die Trennung – so oder so –
schwierig, denn wir kennen sie von klein
auf. Alle vier sind freundliche Mitbewohner,
zutraulich, liebenswert, wunderschön – und
voller Vertrauen, dass ihnen in meiner Nähe
nichts passiert. Keiner hat Aggressionen mir
gegenüber gezeigt – und Charlie, der bereits
kräht, hat zudem noch eine angenehme
Stimme.

Das sind die Risiken und Nebenwir-
kungen der Kükenaufzucht. So hinreißend
es ist, zu erleben, wie sie aufwachsen, so
schmerzhaft ist die Trennung! Wir können
noch von Glück sagen, dass wir »nur« vier

Hähne haben. Es hätte auch ganz anders kommen können! Es kann passieren, dass sie sich zukünftig ernsthaft bekämpfen und sich gegenseitig durch permanentes Krähen zu übertrumpfen suchen. Darüber hinaus ist es möglich, dass sie »ihre« Hennen auch gegen den betreuenden Menschen verteidigen und diesen angreifen. Im Moment ist es noch nicht so weit, die Hähne sind noch wie Brüder, die zwar manchmal raufen, sich dann aber sofort wieder gut verstehen. Auch mit den Hennen sind sie normal wie immer. Die Hähne scheinen noch »schmusiger« zu sein als die kleinen Hennen. Bei unserer abendlichen Schmusezeit drängen sie sich besonders nah um meine Hand und lehnen sich sogar ein bisschen dagegen, um genü-

gend Kraulen zu bekommen. Wie sollen wir es jemals schaffen, sie wegzugeben?!

Charlie ist Chef

Charlie ist nun wieder gesund und bei den anderen. Er ist inzwischen viereinhalb Monate alt und wiegt 2,4 Kilo. Ein ganz schön großer Arm voll Hahn! Er ist jetzt größer als alle anderen, hat einen weiter entwickelten und röteren Kamm als die anderen, – und das trotz seiner Krankheit! Ich hatte ihm ein großes Stück Wiese abgesteckt und ihn zwei Tage darauf allein laufen lassen, damit er sie als sein Territorium empfinden und sich von den anderen nicht einschüchtern lassen würde. Das Rückkehren in die Gruppe hatte ich bei anderen Hühnern als kompliziert in Erinnerung. Bei Charlie kein Problem! Er schritt bei der ersten Gelegenheit selbstbewussten Hahnenschrittes durch das Hühnerhaus in das Gehege der anderen, sagte seinen männlichen Kollegen kurz Bescheid, indem er sie ein bisschen jagte, und ließ überhaupt keinen Zweifel daran aufkommen, dass er nun der Chef sei! Alle, auch die männlichen Kollegen, fanden diesen Auftritt anscheinend so überzeugend, dass sie nicht einmal versuchten, ein Wettbewerbskrähen zu beginnen. Also Rangordnung geklärt, alles friedlich ohne Kämpfe. Charlie ist der Chef.

Dickie war gerade nicht da, sie bekam diesen Auftritt nicht mit. Nachmittags gab es ein lustiges Spiel für alle, nämlich geflügelte Ameisen zu fangen, die gerade aus dem Boden geschlüpft waren. Alle Hühner rannten und hüpften durcheinander und

89

hatten ganz offensichtlich großen Spaß. Dickie und ich waren im Garten beschäftigt und bekamen das lustige Spiel nur als Zuschauer mit. Ich band ein paar Rosen hoch, schnitt den Lavendel – und verteilte Kaninchenmist als Mulch bei den Johannisbeeren. Dickie half und begleitete mich auf Schritt und Tritt. Die Einzelhuhn-Stunden mit mir taten ihr gut, sie war wieder zufriedener und beschwerte sich nicht mehr.

Gegen Abend sagt sie wie immer, dass sie jetzt gern ins Hühnerhaus gelassen würde, um auf die Stange zu gehen. Ich lasse sie rein und sie geht die Hühnerleiter hinauf zu ihrem Schlafplatz. Etwas später kommt Charlie, geht auch die Hühnerleiter hinauf, steckt den Kopf in den Schlafraum und sieht Dickie auf der Stange sitzen. Sie waren sich nach seiner Wiedereingliederung in die Gruppe noch nicht wieder begegnet. Ich sehe die Szene zufällig und warte gespannt. Charlie zieht den Kopf zurück, überlegt einen Moment, dreht umständlich auf der Hühnerleiter um – gar nicht so einfach für so einen großen Vogel – und tut etwas sehr menschliches: Er geht auf die Wiese, treibt seine Untergebenen zusammen, Hennen wie Hähne, und scheucht sie in das Hühnerhaus. Sie sollten vorgehen, denn sein Respekt vor Dickie ist offenbar noch sehr groß. Wahrscheinlich hat er das schmerzhafte Loch im Kopf – Dickies nachdrücklicher Hinweis ihrer Überlegenheit – noch nicht vergessen. Hühner sind eben auch nur Menschen.

Als alle drin sind, geht auch er wieder hinauf und setzt sich dazu. Alles bleibt friedlich.

Oktober

Dickie frisst inzwischen fast ohne zu knurren oder zu picken mit allen anderen zusammen das tägliche Müsli. Zum ersten Mal ist es wirklich friedlich in der Hühnergesellschaft. Es scheint, als ob Charlies souveränes Auftreten einige offene Fragen geklärt hat. Nur auf meine Frage, was ich mit vier Hähnen machen soll, habe ich noch keine Antwort. Eine nette Freundin, die für uns einen Hahn in eine Gruppe Hennen zu vermitteln versuchte, gab mir Bescheid, dass sich die Gruppe Hennen nun eine Anführerin ausgesucht habe und sehr harmonisch sei. Leider kein Bedarf für einen Hahn. Eine

andere liebe Freundin hatte bei einem Bio-
bauern angefragt, dessen Hahn inzwischen
alt geworden war. Er bräuchte einen jungen
Hahn als Nachfolger, meinte der Bauer.
Aber wie lang der alte Hahn noch leben
würde, könne er leider nicht sagen. Es wird
nicht einfach werden, gute Plätze für unsere
Kerle zu finden. Wer braucht schon einen
zahmen Hahn?

Die Sundheimer verhalten sich trotz
ihrer Größe und ihres Alters von fünfein-
halb Monaten immer noch wie eine Gruppe
Küken. Sie haben immer gute Laune, rennen
und spielen viel, sprechen noch Kükensprache mit mir – und untereinander deutlich
tiefer und modulierter. Besonders die Hähne
haben inzwischen vielerlei Laute entwickelt,

mit denen sie kommunizieren. Dabei sind
alle wohltuend leise. Die Hähne krähen wenig, was wegen der Nachbarn auf der einen
Seite ein Glück ist und mir noch Zeit gibt,
weiterzusuchen. Die Nachbarn der anderen
Seite sagten, es sei schön, morgens manchmal einen Hahn krähen zu hören. So weit,
so gut. Aber noch legen die Hennen nicht,
sind also auch noch nicht geschlechtsreif –
und damit Gegenstand männlicher Besitz-

ansprüche. Wir sind gespannt darauf, was passieren wird, wenn die jungen Hennen »sexy« werden für die Hähne, es könnte jetzt jeden Tag so weit sein.

Inzwischen ist der Herbst weit fortgeschritten, die Farben werden immer leuchtender, bevor sie ganz verblassen. Wir haben den Hühnern einen großen Haufen Blätter gegeben, den sie mit Begeisterung auseinanderscharren. Jedes Blatt wird untersucht. Außerdem dürfen sie, so wie unsere ersten Hühner auch, in den wunderbar verwilderten Obstgarten unserer großzügigen Nachbarin Sonja. Dort gibt es hohe Stauden, alte Obstbäume, viel Gras und eine Trotte zum Rumhängen. Die Sundheimer fressen besonders gern frisches Gras. Sie stehen und grasen wie eine Herde kleiner Schafe.

Diese Rasse ist sehr viel leiser und zufriedener als die Hühner, die wir vorher hatten. Die Hähne krähen zwar morgens immer öfter, sind aber tagsüber meist still und kämpfen auch nicht besonders wild. Es ist eine gut gelaunte, friedliche Gruppe. Da die Grundstimmung Zufriedenheit ist, gibt es auch nicht so viele Stimmungslagen, die sie mir mitteilen. Dickie ist nun auch größtenteils einverstanden damit, dazuzugehören. Es bleibt ihr ja auch nicht viel anderes übrig. Sie möchte immer seltener aus dem Gehege gelassen werden, um ihre Einzelhuhnprivilegien wahrzunehmen. Obwohl sie nun deutlich kleiner ist als alle anderen, wird sie noch

respektvoll behandelt, besonders wenn es
um Futter geht. Sie selbst findet es völlig in
Ordnung, eine der beiden Schalen mit Müsli
für sich allein zu beanspruchen, schafft es
aber auch, zu teilen.

Schwere Entscheidungen

November

Ruhe vor dem Sturm

Die vier Hähne sind leichter voneinander zu unterscheiden als die Hennen, sowohl vom Gefieder her als auch durch ihre Wesensart. Inge hat den Jungs Namen gegeben. Alle vier sind sanft, groß und schön. Charlie ist nach wie vor der größte. Er ist ein souveräner Herrscher, kräht wenig, kämpft manchmal mit den anderen Hähnen, aber immer noch spielerisch. Er weicht meinen Händen aus und möchte auch nicht mit den anderen auf meinem Schoß sitzen, denn er erinnert sich noch gut an die Zeit, als ich ihm den Schnabel gegen seinen Willen öffnen musste, um ihm sein Medikament zu verabreichen. Der zweite Hahn in der Rangordnung ist Rudi Rabauke. Er ist mutig, manchmal frech, oft vorne mit dabei, wenn es etwas zu erkunden gibt. Er hat kleine Sprenkel auf dem Rücken, die aussehen wie Sommersprossen. Als Nächster kommt Viktor, der mit einem fast weißen Rücken sehr hübsch aussieht. Er ist zurückhaltender, aber auch zutraulich. Die Nummer vier haben wir einfach »Quattro« genannt, denn er ist der zurückhaltendste, der eher im Hintergrund bleibt und erst mal beobachtet. Er hat wunderschöne lange Deckfedern, die aussehen wie lange weiße Haare. Alle Hähne wachsen noch, das Gefieder ist noch nicht voll ausgebildet, was man vor allem am Kopf sieht. Die kleinen wachsenden Federchen stehen

etwas ab, was allen vieren ein strubbeliges, etwas wildes Aussehen gibt. Rudi Rabauke erscheint uns am geeignetsten, um ein neues Leben auf einem Biohof anzutreten.

Die Hennen sind unbekümmert und immer die Ersten, die auf meinen Schoß springen, wenn es Körner aus der Hand gibt. Sie lassen sich streicheln und sind sehr zutraulich. Auch die Hähne haben noch viel von ihrer Zutraulichkeit behalten, auch wenn sie abends nicht mehr gekrault werden möchten.

Obwohl alle jetzt fast ein halbes Jahr alt sind, legen die jungen Hennen noch nicht. Das heißt, dass die Hähne auch noch nicht um die Hennen kämpfen müssen. Nur

selten sehe ich kleine Ansätze von »Besteigen«. Die Hennen meckern dann kurz genervt und gehen weg. Sie werden jetzt, wo es Winter wird, auch nicht mehr anfangen zu legen, denke ich, denn Küken zieht man nicht im Winter auf! Es herrscht noch eine unschuldige, entspannte Ruhe – und vielleicht sind Sundheimer von Natur aus so entspannt, dass es zu keinen heftigen Auseinandersetzungen kommt. Tagsüber hängen sie gern zusammen auf dem Ast, dem Fässchen und der Trotte herum. Oder sie gehen alle gemeinsam auf die Wiese zum Grasen. Sie grasen gern, scharren dabei ein wenig. Insgesamt scheinen Hühner dieser Rasse ein heiteres und friedliches Gemüt zu haben. Unsere ersten Hühner hatten unter-

schiedliche Stimmungen und teilweise sehr starke Emotionen. Die Sundheimer sind ausgeglichen und freundlich, freuen sich, wenn wir kommen, gackern leise und für menschliche Ohren angenehm. Sie beschweren sich nie und fühlen sich sichtlich wohl in ihrer Gruppe. Ihre ruhige Art wirkt entspannend auf uns, und wenn es das Wetter erlaubt, gehen wir in den Garten, um ihnen

zuzusehen. Am meisten erzählen die Hähne. Sie gurren, gluckern und brummeln. Noch wissen wir nicht, was sie damit ausdrücken. Krähen dient ganz offenbar unter anderem dazu, uns zu rufen – und wir versuchen, es nicht so aussehen zu lassen, als ob wir dann sofort kämen.

Rudi

Gerade haben wir Rudi in sein neues Zuhause gebracht. Er wird Nachfolger des alten Hahns auf einem Biohof, nicht weit von Ihringen. Der sympathische Bauer hat den alten Hahn, der schon ganz schwach war und von seinen Hennen attackiert wurde, erlöst. Es gibt junge braune Hennen und eine Gruppe junger Sundheimer Hennen. Rudi wird also viele Damen um sich haben. Die Art der Hühnerhaltung ist anders als bei uns und kommt der üblichen Hühnerhaltung gewiss näher als unsere. Es gibt kein Gras im Auslauf, sondern nur eine relativ kleine, kahlen Fläche. Das Futter ist auch anders. Neben einem nahrhaften Legemehl bekommen die Hühner eingeweichte Weizenkörner vom Feld des Bauern und Gemüsereste vom Verkauf. Eine große Umstellung für Rudi, hoffentlich schafft er es und hat ein schönes und langes Hahnenleben! Wir werden sehen, wie er sich einlebt.

Ein paar Tage später besuchen wir ihn. Oh, Rudi. Er lebt jetzt in einer neuen, fremden Umgebung, die in nichts mehr so ist wie zuvor! Fremde Hennen, vielleicht fünfzehn insgesamt, wovon etwa die Hälfte junge Sundheimer Hennen sind, die zufällig fast zeitgleich mit ihm eintrafen. Die andere Hälfte sind junge braune Hennen, die schon ein paar Wochen da waren, also nicht nur vom Wesen her sehr viel frecher sind als Sundheimer, sondern auch »Heimvorteil« haben, weil sie sich schon eingelebt haben. Die Sundheimer mit Rudi sind allesamt eingeschüchtert und trauen sich nicht aus dem Hühnerhaus, denn draußen sind die braunen Hennen, welche die Neulinge picken! All das kennt Rudi nicht. Aus Rudi Rabauke ist Rudi Kleinlaut geworden! Er schaut mich mit einem wilden Blick an und erkennt mich nicht.

Es gibt offenbar weniger Futter, als Rudi es gewöhnt ist. Das Trinkwasser ist nicht sauber. Draußen auf der kahlen Fläche stehen ein paar Büsche, aber nichts, worauf man sitzen könnte. Ein trauriger Anblick. Ob der Bauer weiß, dass Hühner Allesfresser sind? Dass sie gerne etwas zu tun

99

haben und am liebsten erhöht sitzen? Er ist Landwirt und hat keine Zeit, sich viel mit seinen Hühnern zu beschäftigen, das hatte er mir gleich zu Beginn gesagt. Hier prallen Welten aufeinander.

Ich schlucke meine Zweifel, ob es die richtige Entscheidung war, Rudi hierherzugeben, herunter und versuche, positiv zu bleiben. Zunächst ist der Dreck überall eine Herausforderung an das Immunsystem. Rudi als gesunder junger Hahn wird damit fertig, hoffe ich, auch wenn dies, zusammen mit der Futterumstellung, nicht einfach wird. Rudi hat dann sehr viel von dem, was ein Hahnenherz begehrt, nämlich viele hübsche Mädels, die er allein bespringen darf, ohne Konkurrenz fürchten zu müssen. Trotzdem liege ich nachts wach und überlege, wie ich die Lebensbedingungen der Hühner bei dem Bauern verbessern könnte, ohne die Gefühle des Mannes zu verletzen. Einfach mal einen Sack Körnerfutter mitbringen, damit jetzt, wo es deutlich kälter wird, alle mehr zu fressen haben? Inge meint, das könnten wir nicht machen, es sei unmöglich.

Eine Woche später. Rudi und die Sundheimer Hennen laufen nun mit den anderen im Gehege umher. Wir haben etwas Körnerfutter mitgebracht und der Bauer gibt den Hühnern ein paar Handvoll. Dabei bemerken wir, dass Rudi hustet, mit offenem Schnabel und einem hohen, stoßweisen

Geräusch. Er hat sich offenbar erkältet! Der Bauer ist genauso besorgt wie wir. Noch läuft Rudi munter mit den anderen herum. Wenn er schwer krank wäre, würde er sich zurückziehen und irgendwo teilnahmslos sitzen. Ich biete an, ihn mitzunehmen, aber der Bauer lehnt ab. Rudi soll Kamillentee mit Thymian bekommen und wir fahren wieder. Schließlich hält der Bauer schon jahrelang Hühner und kennt sich aus.

Winter

Unsere restlichen zehn Damen und Herren sind inzwischen so rund und groß geworden, dass sie gerade noch auf die beiden Schlafstangen im Hühnerhaus passen, die jeweils einen Meter lang sind. Da sie vermutlich nicht gut zählen können, probieren sie so lange herum, bis alles passt. Fünf und fünf. Alle sind friedlich miteinander, es wird immer noch relativ wenig gekräht und die Hahnenkämpfe bleiben spielerisch. Vor ein paar Tagen sah ich zufällig, wie alle abends in den Stall gingen. Nur eine Henne hatte noch keine Lust und machte ein Spielchen daraus, immer wieder hin und her zu rennen. Zum Hühnerhaus, weg vom

Hühnerhaus. Dabei schaute sie mich an, als würde sie sagen »Fang mich doch!« und dabei kichern. Das war das erste Mal, dass eine der Hennen ein bisschen ihrer eigenwillig-huhnigen Persönlichkeit gezeigt hat. Hühnerspäßchen.

Abends wenn ich das Hühnerhaus schließe, stecke ich den Kopf in den Schlafraum, um zu sehen, ob alle einen Platz gefunden haben. Manchmal tapst noch eines im Dunkeln herum und findet die Stange nicht, denn Hühner sehen im Dunkeln schlecht. Was mich rührt, ist, dass ich oft von Schnurren empfangen werde. Schnurren – das brachten uns unsere ersten Hühner bei – bedeutet Wohlbefinden. »Uns geht's gut, gemütlich hier, gute Nacht.« Wir schnurren dann noch ein bisschen im Wechsel und dann wird geschlafen.

Der erste Schnee

Die Herrschaften warten ungeduldig auf das morgendliche Öffnen des Klapptürchens, drängen hinaus – und bleiben wie angewurzelt auf der Rampe stehen. Alles sieht ganz anders aus! Schnell zurück ins Hühnerhaus! Gedränge beim Ausgang. Sie konnten die veränderte Landschaft schon vorher sehen, sich aber nicht vorstellen, darin herumzulaufen. Nun drücken sie sich im Haus herum, wissen nicht, was sie machen sollen. Ab und zu geht mal jemand nachsehen, ob immer noch alles weiß ist. Schließlich gehen alle hinauf zum Schlaf- und Legeraum und warten dort. Einer kräht. Inge sitzt mit der Kamera vorm Hühnerhaus und wartet auch.

Nach einer Stunde bringe ich Inge einen heißen Kaffee und den Hühnern ihr Müsli. Damit lassen sie sich aus dem Haus locken. Als sie merken, dass nichts Schlimmes passiert, wenn man auf das ungewohnte weiße Zeug tritt, werden sie immer unbefangener. Ein leckeres Frühstück gibt Mut und Kraft!

Dezember

Heute Vormittag haben wir Rudi vom Biohof abgeholt. Der Bauer hatte angerufen
und erzählt, Rudi würde von den Hennen
traktiert und nur noch am Boden sitzen. Wir
fuhren sofort los. Er ist tatsächlich in einem
schrecklichen Zustand! Schmutzig und
apathisch sitzt er auf dem kalten, matschi-
gen und feuchten Boden des Hühnerhauses!
Sein Kamm ist dunkelrot bis schwarz. Ich
mache mir bittere Vorwürfe, Rudi nicht
schon früher geholt zu haben, wollte aber
dem Bauern nicht das Gefühl geben, ihn zu
kontrollieren. Seine letzte E-Mail klang positiv, nämlich, dass er Rudi nicht mehr husten

gehört hätte und dass er ihm Kamillentee
mit Thymian gäbe. Jetzt sitzt Rudi in dem
Transportkarton im Warmen. Er reagiert
kaum, atmet aber noch. Ich lasse ihn in
Ruhe. Entweder erholt er sich jetzt langsam
– oder er stirbt. Ein paar Stunden später ist
er tot. Als ich ihn hochhebe, merke ich, dass
er ganz dünn und leicht geworden ist. Rudi
war gerade mal zwei Wochen weg! So traurig! Ich beerdige ihn schniefend im Garten.
Wir beschließen, derlei Experimente nicht
mehr zu machen und die Hähne zu behalten, so lange es geht.

Wilde Kerle

Die verbliebenen drei Hähne haben fast zeitgleich mit Rudis Tod einen deutlichen Hormonschub. Von einem Tag auf den anderen, sie wirken wie ausgewechselt! Sie trippeln mit gesenktem Kopf und kurzen Schrittchen in kleinen Kreisen herum, gurren und brummeln dabei ganz allerliebst. Eindeutig Balzverhalten! Auch ich werde versehentlich angebalzt. Vor lauter Liebreiz und völlig von Sinnen schaffen sie es morgens kaum aus dem Hühnerhaus, ohne die kleine Rampe, die aufgeklappte Hühnerklappe, herunterzufallen! Die jungen Hennen wissen nicht, wie ihnen geschieht. Einige Auserwählte werden erst vom Hahn eingekreist, dann besprungen. Die Mädels schimpfen und schreien, es nützt aber nichts. Nach dem Bespringen schütteln sie sich heftig und putzen lange ihr Gefieder. Sieht nicht sehr romantisch aus! Einmal sehe ich sogar, wie alle drei Hähne eine Henne in eine Ecke drängen und sie dort am Kamm festhalten – damit einer sie bespringen kann! Die Henne hatte keine Wahl, sie musste diesen gewaltsamen Akt über sich ergehen lassen!

Ein paar Tage später stehe ich mit zwei jungen Männern, unserem Nachbarn Chris und einem seiner Freunde, im Hühnergehege. Sie haben uns gerade geholfen, einen schweren Trog im Hof zu bewegen, und nun sprechen wir über einen Kompostbehälter im Hühnergehege, den ich gern verschenken möchte. Oder zumindest versuchen wir, zu sprechen. Die drei Hähne krähen alle gleichzeitig und in unmittelbarer Nähe, so als wollten sie die fremden jungen Männer aus ihrem Revier »herauskrähen«! Es ist so laut, dass wir tatsächlich unsere eigenen Worte kaum verstehen! Das Geschrei hört sofort auf, als wir das Gehege verlassen. Ich frage mich, ob Hühner auch zwischen männlichen und weiblichen Menschen unterscheiden können, wie viele andere Tiere. Ob ein Mensch fremd oder bekannt ist, sehen sie jedenfalls sofort.

Inge und ich besprechen, wie wir nun weiter vorgehen sollen. Die wilden Kerle werden immer nerviger, sie sind schon ganz kirre

vor Hormonen und bespringen inzwischen alles, was nicht wegläuft. Selbst Dickie wird besprungen, was ihr überhaupt nicht gefällt! Sie schimpft laut und sucht das Weite. Auch andere Hennen versuchen, sich irgendwo vor dem Ansturm der Hähne in Sicherheit zu bringen. Einige haben entdeckt, dass man auf dem Nest oder auf anderen niedrigen Sitzplätzen vor ihnen sicher ist. Es wird uns klar, dass wir uns für einen Hahn entscheiden müssen – schon allein den Hennen zuliebe! Uns sind aber alle drei ans Herz gewachsen, jeder von ihnen hat seinen eigenen Charme. Charly ist immer noch der Größte – und eigentlich ist er von Natur aus schon der Auserwählte. Aber trotz aller Bemühungen des Tierarztes hat er immer noch sehr oft Durchfall, was an Kotspuren an seinem Hinterteil zu sehen ist. Die Krankheit scheint ihn nicht sonderlich zu beeinträchtigen, denn er ist groß und verteidigt seinen Rang voller Elan, aber wenn es ein genetischer Defekt ist, den er weitervererben würde ...? Wir sind unsicher. Charlie kräht inzwischen viel und laut, was natürlich auch daran liegt, dass er seine Position verteidigt. Mit den Hennen ist er ruppig und springt natürlich auch immer als Erster. Viktor ist der Schönste, er hat schneeweißes Gefieder auf dem Rücken und wirkt vornehm in seiner ruhigen Art. Seine Zurückhaltung könnte auch damit zu tun haben, dass er momentan der Rangniedrigste ist. Auch er hilft bei den gewaltsamen Begattungen der

Hennen, da halten die Jungs zusammen. Quattro ist der Zutraulichste, der uns auch manchmal auf den Schoß springt und frech auch mal nach uns pickt. Er wirkt etwas jünger als die anderen und hat noch den charmant strubbeligen Jung-Hahn-Look am Kopf. Gegenüber den Hennen verhält er sich wie ein richtiger Rowdy. Was nun? Wir

schieben die Entscheidung von einem Tag zum nächsten, schwanken lange zwischen Charlie und Quattro.

Jeden Tag wird das Gebaren der Hähne wilder. Inzwischen bespringen sie die Hennen zu mehreren, hintereinander! Die Hennen schreien und schütteln sich danach lange. Manchmal klingen die Schreie auch erstickt, wenn nämlich der Kopf der Henne ins Gras gedrückt wird! Brutale Sitten! Sieht absolut nicht nach einvernehmlichem Sex aus, aber so ruppig scheint es bei Hühnern zuzugehen. Vielleicht hat die Natur es so eingerichtet, dass sich die Hennen langsam daran gewöhnen müssen, dass ein viel größerer Artgenosse, der sich eben noch freundlich

108

und normal benommen hat, nun auf ihnen sitzt, sie schmerzhaft am Kamm festhält und mit den Füßen auf ihrem Rücken trampelt – oh, Hahn! Die beliebtesten Hennen sind schon ganz schmutzig von den schlammigen Pantoffeln der Herren. Manche Hennen versuchen, sich vor den Attacken der Hähne zu verstecken, und sondern sich zumindest zeitweise von der Gruppe ab. Sogar beim beliebten Müslifressen sind sie nicht mehr dabei! Sie wirken verschreckt. Männliche menschliche Freunde reagieren ganz unterschiedlich auf unsere Schilderungen des rabiaten Sexlebens. »Unterlassene Hilfeleistung!«, sagt Nachbar Christoph. Mein alter Freund Konni sagt: »Ich muss Dir das mit den Hormonen mal erklären ...«

Pünktlich zu Nikolaus finde ich das erste kleine Ei im Nest! Mitten im Winter, das war völlig unerwartet. Möglicherweise löst das Springen der Hähne den entsprechenden Hormonschub bei den Hennen aus. Das »Ich-habe-ein-Ei-gelegt«-Gegacker, das wir von unseren früheren Hennen kennen, entfällt bei den Sundheimern oft. Ich lasse ihnen immer ein Ei pro Nest liegen, als Orientierungshilfe. Noch sind die jungen Hennen unsicher, wohin man Eier legt und wann. Gelegentlich finde ich eines auf dem Boden oder sogar draußen, da war nicht mehr genug Zeit, das Nest rechtzeitig zu erreichen. Sie haben zwei Legenester. Ein kleineres, welches gut für eine einzelne Henne ist, ein größeres, in dem auch zwei gleichzeitig sitzen können. Das kleinere ist beliebter.

Inzwischen hat sich im Dorf herumgesprochen, dass wir überzählige Hähne haben. Die Hähne selbst haben es weithin hörbar verkündet! Ein freundlicher, etwas weiter entfernt wohnender Nachbar, Armin, der selbst schon seit vielen Jahren Hühner züchtet, bietet an, für uns zu schlachten. Er erklärt mir seine Methode. Er betäubt die Hähne mit einem Bolzenschuss ohne sie zu verletzen, schneidet ihnen dann die Kehle durch und lässt sie ausbluten. Das übliche Kopfabhacken ohne Betäubung lehnt er ab. Er würde sogar die Hähne bei uns abholen, sagt er. Ein Angebot genau im richtigen Moment! Es ist die freundschaftliche Hilfestellung, die wir jetzt brauchen. Die Entscheidung, das Leben von zwei wunderschönen Tieren auf diese Weise zu beenden, fällt mir trotzdem furchtbar schwer, aber wir machen einen Termin aus, noch vor Weihnachten. Ich fühle mich wie eine Verräterin.

Mit unseren unmittelbaren Garten-Nachbarn Bianca und Christoph und deren Kindern Elena und David, die von den Hähnen direkt beschallt werden, treffen wir uns, um zu fragen, ob sie mit der Geräuschbelästigung eines einzelnen Hahnes leben könnten. Es gibt einen wichtigen Grund, warum wir gern einen Hahn behalten würden. Die Sundheimer Zucht, von der auch die Küken stammen, wird nicht mehr weitergeführt!

Weil die Menschen, welche diese erfolgreich betrieben hatten, getrennte Wege gehen, wurden alle Tiere in den letzten Monaten verkauft. Das heißt, dass wir unseren Nachschub an Sundheimer Hühnern, wenn wir ihn einmal brauchen, selbst beschaffen müssen. Wir sind begeistert von dieser Rasse, denn es sind besonders liebenswürdige und ruhige Gartenbewohner. Die momentane Unruhe, die durch die drei Hähne verursacht wird, lässt bei einem einzelnen Hahn, der sich seiner Alleinherrschaft sicher sein kann, hoffentlich nach. Charlie hat einen blutigen Kamm. Ein deutliches Zeichen, dass seine Vormachtstellung angefochten wird. Leider habe ich nicht gesehen von wem, aber die Hahnenkämpfe scheinen nun sehr viel ernster geworden zu sein. Die Nachbarn auf der anderen Seite, Sonja und ihr Sohn Chris, haben schon signalisiert, dass sie das Krähen nicht stört – im Gegenteil. Es erinnert sie an die Zeit, als sie selbst Hühner hatten. Und wir? Wir lieben eben nicht nur unsere Hühner, sondern auch unsere besonders netten Nachbarn auf beiden Seiten!

111

Christoph und Bianca sind einverstanden damit, es mit einem Hahn zu versuchen. Wir beobachten die drei wilden Kerle jeden Tag, suchen den ruhigsten aus. Schließlich steht unsere Entscheidung: Viktor ist der Auserwählte, der Sieger, denn er ist angenehm zurückhaltend, gesund und nicht so ruppig mit den Hennen. Er soll weiter mit ihnen

leben und eines Tages auch Küken mit ihnen produzieren. Hoffentlich bleibt er so ruhig – auch wenn er der König ist.

Armin kommt morgens mit zwei Transportkisten und einem Kescher. Das Einfangen der Hähne geht einfacher, als ich es mir vorgestellt hatte. Wir schenken sie ihm als Dank dafür, uns in dieser schwierigen Situation so einfühlsam geholfen zu haben. Wir selber könnten sie sowieso nicht essen, obwohl Sundheimer Fleisch besonders zart und schmackhaft sein soll. Die Hennen und Viktor beruhigen sich schnell wieder, als Armin mit den Hähnen weg ist. Als wir nachmittags zu ihnen gehen, sehen wir mit Erstaunen, dass sich alle in der neuen Konstellation deutlich wohler fühlen als vorher! Innerhalb einer halben Stunde bieten drei der Hennen durch Hinhocken an, von Viktor besprungen zu werden. Jetzt geht also die Aktivität von den Mädels aus, ganz anders als vorher! Viktor scheint auch ein sanfterer Liebhaber zu sein. Er hält die Hennen nicht so schmerzhaft am Kamm fest, die Hennen schreien nicht. So also sieht einvernehmlicher Hühnersex aus! Wir sind erleichtert und haben das Gefühl, die richtige Entscheidung getroffen zu haben.

Viktor hat verstanden. Er ist jetzt Herr im Hühnerhaus, mit den entsprechenden Aufgaben. Er lockt seine Hennen zu guten Futterquellen und passt auf, dass Gefahren wie Krähen, Elstern oder Katzen nicht un-bemerkt bleiben. Wenn er das Gefühl hat, dass wir seinen Hennen zu nahe kommen, stellt er sich zwischen uns und die Hennen. Die Hennen sind uns gegenüber sehr zutraulich und springen gern auf unseren Schoß. Viktor bleibt unten und beobachtet uns kritisch. Dass die Henne Nanna am liebsten in Inges Nähe ist, sieht er gar nicht gern. Wenn er sich aufregt, nimmt er irgendein Stöckchen vom Boden und schmeißt es herum – man kann deutlich sehen, wie genervt er ist, wenn etwas nicht so läuft, wie er es für richtig hält! Man weiß ja nie, ob Inge nicht doch zum Konkurrenten wird und Nanna bespringt...? Er ist ganz offensichtlich eifersüchtig.

Dickie ist inzwischen ganz gut in die Gruppe integriert. Sie verlangt immer seltener, heraus zu dürfen und Einzelhuhnprivilegien wahrzunehmen. Wenn sie heraus möchte, will sie wenig später wieder zu den anderen zurück. Man könnte ja etwas verpassen! Sie sitzt in der Gruppe auf dem langen Ast und frisst fast ohne zu murren mit ihnen das tägliche Müsli. Ihre Autorität ist immer noch unangefochten, sie wird respektiert, obwohl sie schon lange die Kleinste ist. Sie wird

auch besprungen – von den wilden Kerlen und jetzt von Viktor, obwohl sie schon länger kein Ei mehr gelegt hat. Trotzdem sehen wir sie auch öfter abseits der Gruppe, denn die Sundheimer sind eine eigene, enge Gemeinschaft und kommunizieren auch anders als Dickie. Inzwischen ist sie über vier Jahre alt. Wenn das, was eine Tierärztin sagte, stimmt, nämlich, dass die Lebenserwartung dieser Rasse nur drei bis vier Jahre sei, ist sie für ihre Rasse ein altes Huhn. Wir freuen

uns, dass es ihr gut geht und sie sich endlich dazugehörig fühlt unter ihresgleichen. Es hat lange gedauert und sie ist dabei über sich hinausgewachsen!

Viktor

Die Tage laufen für die Hühner immer ähnlich ab, Regelmäßigkeit schätzen sie. Morgens lasse ich sie aus dem Hühnerhaus. Später kommt das beliebte Müsli in zwei Schalen. Im Moment öfter mal dick geschälte, gekochte Kartoffelschalen, paniert in Legemehl mit einer Handvoll Sonnenblumenkernen. Während alle fressen, mache ich den Stall sauber, fülle Körnerfutter und

Wasser nach und schaue, ob es neue Eier gibt. Viktor kräht glücklicherweise wenig.

Heute ist alles anders. Inge hatte einen frühen Arzttermin und weil wir kurz nach acht los mussten, ließ ich die Gruppe deutlich früher aus dem Stall als gewöhnlich, noch im winterlichen Halbdunkel. Das Müsli brachte ich gleich mit. Als wir zurück sind, gehe ich zum Stall, um die Kotbox zu säubern und nach Eiern zu sehen. Die Eier stecke ich nicht wie gewohnt in die Tasche, sondern lege sie sichtbar auf einen leeren Teller, ohne weiter nachzudenken. Da fällt mir auf, dass die Hennen und Viktor aufgeregt sind, dass sie versuchen, mir etwas zu sagen. Ich weiß nicht, was sie meinen. Futter ist noch da, Wasser auch. Das

Saubermachen kennen sie schon und auch Eier habe ich schon öfter aus dem Legekasten geholt. Was also ist los? Warten sie auf ein zweites Müsli zur gewohnten Zeit? Während ich noch rätsele, geht Viktor ins Hühnerhaus, die Hühnerleiter hinauf und will unbedingt auf ein Nest, welches aber gerade besetzt ist.

Nun steht die Henne auf und Viktor setzt sich auf das Nest. Ein Hahn auf dem Nest! Ich traue meinen Augen nicht! Er sitzt ein bisschen, ist aber immer noch unruhig, steht immer wieder auf, setzt sich anders hin. Dann wechselt er zum zweiten Legenest, scharrt etwas, setzt sich, steht auf und kommt wieder heraus. Dabei schaut er mich immer wieder an und grummelt dabei. Ich

überlege. Meine bisherige Erfahrung mit Hühnern ist, dass es immer einen Grund gibt, wenn sie so dringend etwas mitteilen möchten. Es gibt keinen Zweifel daran, dass es dringend ist – aber was will er mir mitteilen?

Ein paar Stunden später wird es mir schlagartig klar. Natürlich! Viktor will mir sagen, dass er es nicht in Ordnung findet, dass ich die Eier einfach nehme! Er hatte mir sozusagen pantomimisch vorgespielt,

worum es geht. Unglaublich! Ist das möglich? Kann ein Hahn so weit abstrahieren?! Für mich bedeutet das, dass er sich als Hahn nun voll verantwortlich für seine Hennen fühlt – und natürlich auch für die Eier, den potenziellen Nachwuchs! Viktor hat aus seiner Sicht absolut recht, er ist der Beschützer und ich eine Diebin! Eigentlich ist seine Empörung ganz natürlich und muss so sein, denke ich dann weiter. Unsere früheren Hühner hatten sich gar nicht mehr um die Eier gekümmert, wenn sie einmal gelegt waren. Aber der springende Unterschied – ganz wörtlich – ist, dass diese Eier jetzt befruchtet sind, im Gegensatz zu den Eiern der reinen Damengruppe vorher. Das heißt, dass Viktor seine Rolle als Oberhaupt

und Beschützer sehr ernst nimmt! Wie erkläre ich das meinem Hahn, dass ich mir so selbstverständlich herausnehme, »seine« Eier wegzunehmen? Auf jeden Fall werde ich ab jetzt diskreter vorgehen.

Beim nächsten Mal Stallsaubermachen geht Viktor wieder, um nachzusehen, ob Eier fehlen. Saubermachen verbindet er ganz offensichtlich mit Eierdiebstahl. Vermutlich kann er nicht zählen, aber auf

jeden Fall sieht er »wenig« und »viele«. An diesem Tag nehme ich die Eier erst beim Stallschließen in der Dunkelheit, denn ich möchte weiter in gutem Einvernehmen mit Viktor leben. Ein wütender Hahn, der seine Menschen attackiert, kann zum Problem werden.

Im Vergleich zu unserer ersten Hühnergruppe, die aus fünf zufällig zusammengewürfelten Hennen unterschiedlicher Rassen bestand, ist diese Gruppe – ein Hahn mit sechs Hennen einer alten, nicht auf Leistung gezüchteten Rasse plus Dickie – in ihrem Sozialverhalten viel ursprünglicher als unsere ersten fünf. Die Damen ohne Hahn hatten zwar auch eine Anführerin, sahen

mich aber als eine Art »Hahn-Mensch« und waren insgesamt mehr auf uns Menschen bezogen. Die Gruppe mit Hahn ist ein enger Verbund, alle sind zutraulich, weil sie uns Menschen kennen und keine schlechten Erfahrungen gemacht haben, aber sie orientieren sich am Hahn. Viktor ist das Familienoberhaupt. Er passt auf alle auf,

schlichtet Streit unter den Hennen, zeigt ihnen Futterquellen, begattet sie und betrachtet sich offenbar auch als »Sprecher« der Gruppe. Er ist ein vorbildlicher Hahn, allerdings auch ein echter Macho, das sind wir in unserer bunten Hof-WG gar nicht gewöhnt. Oft ist es sehr lustig, ihn und sein Verhalten zu beobachten, denn es erinnert sehr an menschliches Verhalten. Inge bleibt »rotes Tuch« und Konkurrenz, mich sieht er mehr als »Personal«. Wenn das tägliche Müsli nicht pünktlich kommt, kräht er ungehalten, aber wenigstens werde ich nicht mehr gepickt oder geschubst, seitdem ich die Eier heimlich stehle. Es kommt auf seine Stimmung an. An manchen Tagen ist er entspannt und friedlich, an anderen ist

er unruhig, geht herum, spricht und gluckst viel, versucht immer wieder, die Hennen von uns wegzulocken, und kräht viel. So viel Testosteron ist wirklich anstrengend für alle! Wenn ich versuche, mich bei ihm einzuschmeicheln, frisst er die angebotenen Sonnenblumenkerne gern aus der Hand, gemeinsam mit den Hennen, lässt aber keinen Zweifel daran, dass er auf solch billige Manöver nicht hereinfällt! Pick pick pick pick pick pick pick pick - BEISS! Das tut nicht sehr weh, zeigt aber seine durchaus kritische Haltung.

Hühner beeindrucken mich immer wieder als sensible, intelligente und fühlende Wesen in ihrem Bemühen, mit uns zu

Was erleben Hühner, was erleben andere Tiere, die von uns in Massen gehalten werden? Vor diesem Hintergrund eine noch grauenhaftere Vorstellung! Die Antwort kann nur sein, dass sie unsäglich darunter leiden, wie wir sie behandeln, auch wenn sie meistens keine Vergleichsmöglichkeiten haben.

kommunizieren. Ihre Gefühle, ihre Gedanken und Vorstellungen werden durch ihr Verhalten sichtbar und es verblüfft mich immer wieder aufs Neue, wie ähnlich ihre und unsere menschlichen Gefühlswelten sind! Der Unterschied ist eher graduell, also natürlich komplexer bei Menschen, aber die Art der Gefühle wie Eifersucht, Liebe, Zufriedenheit oder Empörung ist durchaus vergleichbar.

Wenn wir Tiere schon als Nutztiere benutzen und ihnen das Kostbarste wegnehmen, was sie haben: ihre Eier, ihre Milch, ihre Jungen oder sogar ihr Leben, sollten wir ihnen im Tausch wenigstens ein angenehmes, lebenswertes Leben ermöglichen! Noch sind wir als Gesellschaft meilenweit von diesem – eigentlich selbstverständlichen – Grundsatz entfernt! Wir feilschen um Quadratzentimeter in der Massentierhaltung und nennen es »Tierwohl«, um unser eigenes Gewissen zu beruhigen und weiter billiges Fleisch oder billige Milchprodukte essen zu können. Wir stecken Hühner zu Massen in schrecklich überfüllte Ställe, ohne auf ihre sozialen Bedürfnisse Rücksicht zu nehmen. Ein Hahn, der beim Aussortieren in der Massentierhaltung versehentlich am Leben bleibt – was gar nicht so selten vorkommt –, dreht durch beim Bemühen, für »seine« Hennen zu sorgen, denn es sind ja Hunderte oder Tausende! Es ist zutiefst beschämend, wie rücksichtslos wir immer noch mit Tieren umgehen, gegen besseres Wissen! Unser alter Freund Michi, der sein Leben lang privat und beruflich mit Tieren zu tun hatte, bringt es auf den Punkt: »Nie in der Geschichte der Menschheit wurden Hühner (Schweine, Kühe und andere) so massenhaft so grausam gequält, wie in unserer modernen, aufgeklärten, reichen westlichen Welt von heute. Und jeder weiß es! Trotzdem geschieht es seit Jahrzehnten weiter – millionenfach. Legt man den Umgang mit Tieren als Messlatte an eine Zivilisation, dann leben wir in der schlechtesten der Menschheitsgeschichte!«. Wie wahr.

Nachwort

Meine Zeit als Glucke war für mich eine große Bereicherung. Sie war manchmal arbeitsintensiv, meistens entzückend und immer unglaublich interessant. Ich habe gelernt, dass erfolgreiche Kükenaufzucht viel Aufmerksamkeit erfordert, dass es hilfreich ist, einen guten Tierarzt zu kennen, und dass die Entscheidung, was mit den überzähligen Hähnen geschehen soll, alles andere als einfach ist.

Beim Miterleben ihrer rasanten Entwicklung konnte ich viel über diese Wesen lernen und beobachten: was sie brauchen, was ihnen gefällt, wie ihre sozialen Interaktionen sind und wie sie schließlich zu erwachsenen Tieren werden, die eine klare Rollenverteilung haben, um den Fortbestand ihrer Art zu sichern. Die Natur ist voller Wunder.

Aber nicht nur die heranwachsende Schar, sondern auch Dickie beeindruckte mich und uns mit ihren kommunikativen Fähigkeiten. Sie zeigte uns, wie schwierig es sein kann, sich auf ganz neue Bedingungen einzustellen und mit widersprüchlichen Gefühlen umzugehen. Sie begeisterte uns mit eigenen Problemlösungen. Immer wieder gab es erstaunliche und lustige Ähnlichkeiten zu der Art, wie wir Menschen die Welt erleben.

Dickie ist am ersten Tag des neuen Jahres gestorben, nach einem langen Hühnerleben.

Ich werde sie vermissen, denn wir verbrachten viele einträchtige, schöne Gartenstunden zusammen. Sie hat mir vielleicht am meisten darüber beigebracht, was Hühner denken und fühlen. Ihr möchte ich diese Aufzeichnungen widmen.

Nützliche Infos zur Hühnerhaltung

Hier finden Sie praktische Tipps, Infos und Erfahrungswerte für den Umgang mit Hühnern im eigenen Garten.

Sozialverhalten

Hühner und Hierarchien sind untrennbar verbunden. Meist gibt es einen Hahn oder eine Henne als Chef oder Chefin. Sie sorgen für Ordnung in der Gruppe. Er oder sie beschützt alle Mitglieder vor Gefahren und zeigt gute Futterquellen. Allerdings gehört dazu auch, fremde Hühner im Territorium zu bekämpfen, kranke oder schwache Tiere auszustoßen und manchmal sogar zu töten! In der Wildnis dient dies der Überlebensstrategie, denn eine Gruppe mit kranken oder schwachen Mitgliedern ist gefährdet.

Sprache

Die Sprache der Hühner ist vielseitig und höchst differenziert.

Sie können schnurren, knurren, quietschen, summen, quengeln, schreien, knöttern, trompeten, gluckern, glucksen, fiepen, schimpfen, plaudern, gackern, brummeln und singen. Und damit Freude, Angst, Sehnsucht, Begeisterung, Missfallen, Ärger, schlechte Laune, Ungeduld, Furcht, Langeweile und höchstes Vergnügen ausdrücken. Ihre Sprache hat viel mit Tonhöhen zu tun, aber auch mit kurzen oder längeren Lauten und unterschiedlichen Lautstärken. Positiv gestimmte Äußerungen werden oft durch Aufwärts-Intervalle, negative durch Abwärts-Intervalle und Glissandi ausgedrückt.

Der aufmerksame Hühnerhalter lernt schnell, die verschiedenen Gefühle und Ausdrucksweisen zu unterscheiden.

Körpersprache

Bei Hühnern wird vieles ganz unmittelbar über Körpersprache kommuniziert, wie zum Beispiel soziale Interaktionen.

* Von oben herab picken oder sogar draufsitzen bedeutet Überlegenheit. Sich ducken heißt Unterordnung.
* Sich groß machen, dabei die Halsfedern sträuben wie eine Flaschenbürste, soll das Gegenüber, zum Beispiel ein anderes Huhn oder einen Hund, einschüchtern.
* Langer, dünner Hals bedeutet Angst.
* Bewegungslos innehalten heißt: gefährlichen Raubvogel gesehen oder gehört.
* Herumsitzen mit gekrümmtem Rücken und halb geschlossenen Augen: Unwohlsein, vielleicht Krankheit.

* Gemeinsames Gefiederputzen und Niederlassen: Entspannung und Wohlbefinden.
* Sich wälzen und dabei mit den Beinen strampeln: Sandbad, großes Wohlbefinden.

Futter

Wir essen die Eier, die die Hühner produzieren. Die Sorgfalt beim Füttern bekommen wir zurück, nicht nur als leckere Eier, sondern auch in Form gesunder und zufriedener Tiere. Unsere Hühner bekommen einmal am Tag ein speziell für sie zubereitetes Müsli, haben aber immer Zugang zu Körnerfutter, Legemehl und frischem Wasser.

Hühner sind, wie wir Menschen, Allesfresser. Ein abwechslungsreiches Angebot gefällt Hühnern genauso wie uns. Sie fressen Kohlenhydrate, wie Körner, Brot, Reis, Nudeln, gleichermaßen lustvoll wie Proteine und Fette, zum Beispiel in Knorpel, dem Fettrand vom Fleischstück, gekochtem

Ei, Fischhaut, Mehlwürmern, Käse- oder Wurststückchen.

Salzhaltige Lebensmittel sollten nur in kleinen Mengen gegeben werden.

Gemüse, Kräuter, Salat und Obst sind immer willkommen. Auch Zwiebeln, Knoblauch und Lauch. Im Winter lasse ich Körner in einem Sieb keimen, um den Mangel an Grünem auszugleichen. Hartes Brot wird in Wasser eingeweicht.

Verdorbene oder schimmelige Lebensmittel gehören natürlich nicht ins Futter.

Kükenfutter

Küken brauchen sehr feinkrümeliges, proteinhaltiges Futter. Die einfache Variante ist gekauftes Kükenfutter und/oder gesiebtes Legemehl.

Dies kann man variieren. Beliebt ist ein gekochtes, klein geschnittenes Ei, sehr fein geschnittene Brennnessel- und/oder Oreganoblätter und eine geriebene Karotte,

vermischt mit dem gekauften Kükenfutter und/oder gesiebtem Legemehl.

Auch gekochte kleine Körner, wie Hirse, Quinoa oder Bulgur, vermischt mit den oben genannten Zutaten, werden gern gefressen. Abwechslung ist sehr willkommen.

Junghühner- und Legehennenfutter

Im Winter sind Gemüsereste und -schalen wie Kartoffel-, Karotten- und Knollensellerieschalen, Kohlstrünke und Ähnliches beliebt, welche klein geschnitten kurz aufgekocht werden. Ich vermische sie mit Legemehl, Haferflocken, einer Handvoll Sonnenblumenkernen, etwas Kalkpulver aus den eigenen Eierschalen und etwas Bierhefe für das Wachstum der Federn. Etwa einmal wöchentlich gebe ich noch ein gekochtes, klein geschnittenes Ei dazu.

Im Sommer gibt es mehr Obst und Salat. Körnerfutter, Legemehl und Muschelschalen stehen immer zur Selbstbedienung im Hühnerstall.

Hühnerhalter werfen fast nichts in den Kompost (und schon gar nicht in den Müll!), denn fast alles wird zu leckeren Eiern »recycelt«, sogar die Eierschalen, die gemahlen für eine ausreichende Kalkzufuhr sorgen. Der kompostierte Kot verwandelt sich zu feinster Gartenerde. Unkompostiert ist er zu scharf für die Pflanzen.

Fressen

Hühner können nicht abbeißen und nicht kauen, deshalb brauchen sie weiches oder klein geschnipseltes Futter, damit es sich picken lässt. Sehr feuchtes Futter fressen sie nur zögerlich und mit viel Kopfschütteln, denn es könnte ihre Nasenlöcher verstopfen. Abhilfe schaffen zum Beispiel untergemischte Haferflocken, welche die Feuchtigkeit aufsaugen. Eine leicht feuchte Müslikonsistenz wird bevorzugt.

Trinken

Die Eierproduktion braucht ausreichend Feuchtigkeit. Hühner sollten immer frisches Trinkwasser haben, denn auch nur wenige Stunden ohne Wasser können das Eierlegen empfindlich stören. Bei Hitze ist dies besonders wichtig, am besten stellt man gleich mehrere Trinkgefäße auf. Im Winter muss das Wasser immer eisfrei sein!

Ei

Ein Ei ist etwas ganz Besonderes, eine kleine Kostbarkeit an wertvollen Inhaltsstoffen. Unglaublich, dass ein Huhn es schafft, (fast) jeden Tag so ein kleines Wunderwerk zu produzieren! An der Legefrequenz, der Härte und Oberfläche der Schale kann der Hühnerhalter viel über die Gesundheit der Tiere ablesen. Wenn die Schale dünn oder rau ist, fehlt Kalk im Futter. Der

Legerhythmus kann leicht gestört werden, zum Beispiel durch Aufregung, Wetter- oder Futterwechsel. Hennen ohne Hahn legen unbefruchtete Eier.

Hitze und Kälte

Speziell in Süddeutschland sind die Sommer oft heiß. Da Hühner nicht schwitzen können, leiden sie wegen ihres »Ganzkörper-daunenanzugs« und ihrer Körpertemperatur von 41 Grad Celsius unter Hitze sehr viel extremer als unter Kälte! Eine Möglichkeit, ihnen das Leben im Sommer zu erleichtern (neben Schattenplätzen), ist, einen Sack Spielsand in einer niedrigen Wanne feucht zu halten. Die Hühner stehen gerne darin und kühlen sich über ihre Füße ab.

Bei Kälte rücken die Hühner auf der Schlafstange zusammen und wärmen sich gegenseitig. Gesunde Hühner brauchen auch in sehr kalten Wintern keine zusätzliche Heizung. Im Winter fressen sie etwa die doppelte oder dreifache Menge an Futter.

Schlafen

Hühner schlafen auf Stangen, ähnlich
wie ihre wilden Vorfahren, die nachts auf
Bäume flatterten, um vor Raubtieren sicher
zu sein. Ein praktischer Mechanismus in
den Krallen verhindert, dass die schlafenden
Hühner nachts von der Stange fallen. Die
Schlafstangen sollten 4 × 6 cm stark sein
und abgerundet werden. Sie werden etwas
erhöht im Stall angebracht. Alternativ kann
man auch Äste verwenden.

Hygiene

Sehr bewährt hat sich eine Kotbox unter
den Schlafstangen, denn sie ist einfach
sauber zu halten. Die Kotbox besteht
aus einem etwa 10 cm hohen Holzrah-
men, bespannt mit grobmaschigem Draht
(Maschenweite etwa 2,5 × 5 cm), damit die
Hühner nicht in den Kot treten können.
Unter der Kotbox liegt mehrlagig Zeitungspapier. Hühner koten nachts, während sie
auf ihren Schlafstangen sitzend schlafen.
Der Kot fällt durch den Draht auf das
Zeitungspapier. Ein- bis zweimal die Woche
wird die Kotbox herausgenommen oder
hochgeklappt, das Zeitungspapier mit dem
Kot zu einer Rolle gewickelt und in den

Kompost gegeben. Neues Zeitungspapier, Kotbox zurück – fertig.

Ungeziefer

Besonders in den Sommermonaten werden Hühner oft von Milben und Flöhen geplagt. Sie sind dann unruhig, kratzen und putzen sich ständig. Kieselgur ist ein Pulver, welches aus Kieselalgen hergestellt wird und mechanisch (nicht chemisch) das Ungeziefer bekämpft, da die Kristalle die Atemöffnungen der Insekten verstopfen. Man bekommt es in Online-Shops.

Würmer

Im Frühling gibt es viele Wurmeier im Gras, welche mit dem Gras gefressen werden. Es empfiehlt sich, im Frühjahr eine Wurmkur mit einem vom Tierarzt verschriebenen Medikament zu machen. Anhand einer Kotprobe kann er bestimmen, welche Parasiten gerade aktuell vorhanden sind.

Hühnerauslauf

Je nach Witterung und Beschaffenheit des Untergrunds und der Wiese brauchen Hühner oft einen Wechsel ihrer »Weidegründe«, damit sich das Gras erholen kann. Ideal ist eine Wiese mit Gebüsch, Bäumen und einem dichten Zaun. Ein Steckzaun hat sich sehr bewährt, er lässt sich leicht umstecken. Die Metallstäbe werden einfach in die Erde gesteckt, die Netze zusätzlich mit Heringen gesichert.

Hühnerhaus

Jedes Hühnerhaus ist anders, sollte aber sowohl die Bedürfnisse der Hühner (trocken, hell, sauber, gut gelüftet, Schutz vor Raubtieren) als auch von deren Menschen (bequemes Reinigen und Füttern) berücksichtigen.

Die Behausung kann sehr unterschiedlich sein, je nach Vorhandenem (zum Beispiel ein alter Schuppen), Fantasie des Halters, klimatischen Verhältnissen und eventuell vorhandenen Raubtieren. Siehe auch Buchtipp auf Seite 138.

Unser Hühnerhaus hat ein Pultdach und eine Regenrinne. Das aufgefangene Regenwasser ist Trinkwasser für die Hühner und

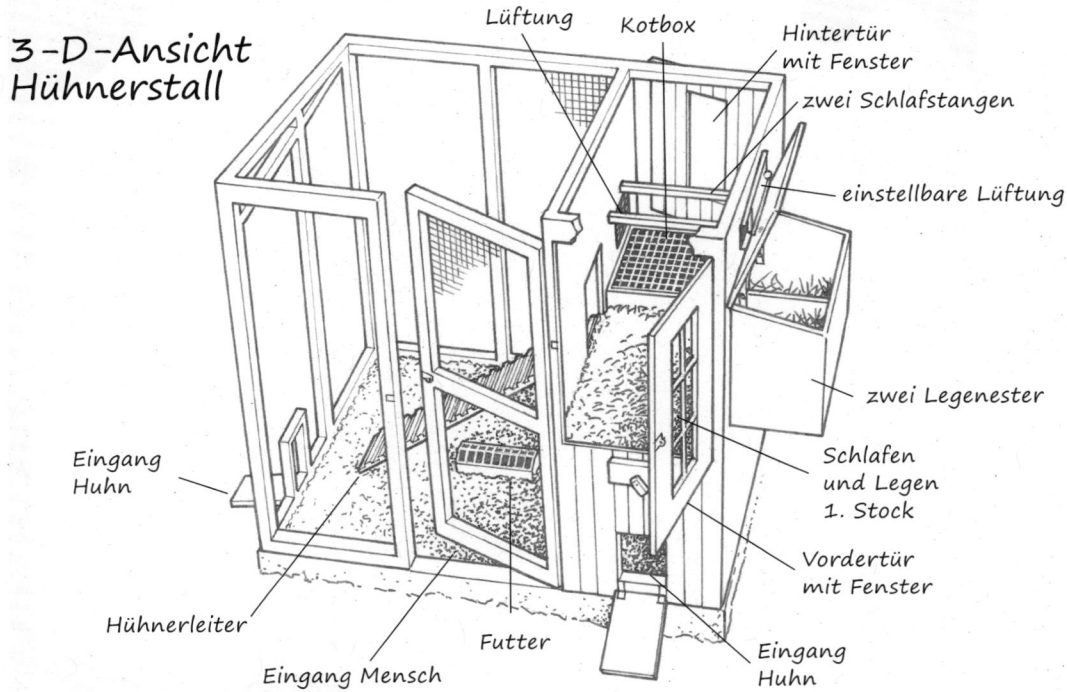

3-D-Ansicht Hühnerstall

Lüftung

Kotbox

Hintertür mit Fenster

zwei Schlafstangen

einstellbare Lüftung

zwei Legenester

Schlafen und Legen 1. Stock

Vordertür mit Fenster

Eingang Huhn

Eingang Huhn

Hühnerleiter

Futter

Eingang Mensch

135

Gießwasser für die Pflanzen in der Nähe. Dort stehen mehrere Komposttonnen, in die neben den von Hühnern nicht verwertbaren Küchenabfällen auch Gartenabfälle und der Hühnermist kommen. Unsere Hühner werden wegen der Marder und Füchse in unserer Gegend jeden Abend im Stall eingeschlossen und am Morgen herausgelassen.

Das Haus hat eine Grundfläche von 2 × 3 Metern, ein Fundament und natürlichen Erdboden. Darauf befindet sich Sand, der zweimal im Jahr ausgewechselt wird. Der geschlossene Raum zum Schlafen und Legen ist erhöht, in bequemer Stehhöhe für Menschen. Dieser Teil ist 1 × 2 Meter groß und kann von beiden Seiten zum Reinigen geöffnet werden. Auf dem Boden des Schlaf- und Legeraums liegt eine Siebdruckplatte. Sie ist wasserfest und erleichtert das Sauberhalten enorm. Auf der Platte ist die Einstreu.

Jede Tür hat ein Fenster, sodass Licht in den Schlaf- und Legeraum fällt. Die Schlafstangen sind 4 × 6 cm dick und abgerundet. Sie werden hochkant und etwa 40 cm über dem Boden montiert. Das Legenest ist vom Schlaf- und Legeraum aus erreichbar und hat außen eine Klappe zum Entnehmen der Eier. Bei den Schlafstangen und oberhalb des Legenestes befinden sich Lüftungsgitter. So gibt es immer frische Luft, ohne dass Zugluft entsteht (siehe Zeichnung auf der vorigen Seite).

Die Hühner kommen über eine Hühnerleiter hinauf in den Schlaf- und Legeraum bzw. herunter. Unter dem Schlafraum sind die Wände an drei Seiten (in unserem Fall nach Süden) geschlossen. So haben die Hühner einen Teil des Hauses, in den sie sich bei starker Sonne, Regen oder Wind zurückziehen können. Die Konstruktion »Schlafraum oben und große Fläche unten« hat den Vorteil, dass die Hühner morgens vorm Öffnen der Türchen schon fressen, trinken und sich bewegen können und, falls notwendig, auch mal einige Zeit im Stall bleiben können.

Buchtipp und Infos aus dem Internet

Es gibt viele gute Bücher über Hühnerhaltung.

Inspiration und Hilfe, zum Beispiel mit den Maßen im Hühnerhaus, war für uns das Buch »Hühner in meinem Garten. Alles über Haltung und Ställe« von Beate und Leopold Peitz und Wilhelm Bauer, Ulmer Verlag.

Auch im Internet findet man viele Infos und Foren. Teilweise sind diese hilfreich, zum Teil scheinen sie aber auch überholt und gefährlich. Beispielsweise würde ich ein brütiges Huhn niemals in kaltes Wasser tauchen oder auch nie ein gemobbtes Huhn nur mit Schmerzmitteln versorgen, es ansonsten aber seinem Schicksal überlassen!

Wie bei allem, was im Internet zu finden ist, sollte man die angebotenen Infos kritisch hinterfragen und den gesunden Menschen- oder Tierverstand nutzen.

Absolut unterstützenswert finde ich die Arbeit von »Rettet das Huhn e. V.«. Der Verein übernimmt Legehennen aus Massentierhaltungen und vermittelt sie an Privat-

personen, die diesen Tieren ein artgerechtes, erfülltes Hühnerleben schenken möchten. Die Hühner sind oft schon nach einem Jahr »Bodenhaltung« (9 Hennen pro Quadratmeter, ohne Auslauf, etwa 300 Eier/Jahr Legeleistung) in einem erbärmlich heruntergekommenen Zustand und werden dann »normalerweise« geschlachtet.
Mehr Informationen unter:
www.rettet-das-huhn.de

Die Autorin

Silke Braemer hat Musik und Kunst/Gestaltung in den USA und Deutschland studiert, zehn Jahre freiberuflich als Filmemacherin und zehn Jahre als Professorin in der Lehre gearbeitet.

Sie ist Tochter von Verhaltensbiologen (Max-Planck-Institut für Verhaltensforschung, Seewiesen), lebt und arbeitet mit drei anderen Menschen und ihren Hühnern auf einem alten Winzerhof in Ihringen am Kaiserstuhl. Sie wuchs mit zwei Schwestern und vielen Haustieren auf, darunter Hunden, Katzen, Hamstern, Mäusen, Papageien und einer zahmen Dohle. Laufen übte sie an einem sehr geduldigen Siamkater. Von klein auf lernten die Geschwister, Tiere zu beobachten, sie mit ihren Eigenheiten und Bedürfnissen zu respektieren und ihre Sprachen zu verstehen. Sie haben dies vor allem ihrer Mutter Dr. Helga Braemer (1928 – 2009) zu verdanken.

Mehr Infos:
www.art-hof.net

Auf Augenhöhe mit Hühnern

Erlebnisse mit gefiederten Mitbewohnern

Erzählt und gezeichnet von Silke Braemer
ISBN: 978-3-89566-397-0

Berta, Mimi, Dickie, Merle und Nöli sind Hühner und leben zusammen mit Silke Braemer und ihrer Freundin auf einem alten Winzerhof am Dorfrand von Ihringen am Kaiserstuhl. Dort erfreuen die Hühner die ganze Nachbarschaft, die Freunde und die Feriengäste, die auf dem Hof übernachten. Silke Braemer erzählt unterhaltsam und anschaulich von diesem Hühner- und Menschenleben, von den gemeinsamen Erfahrungen und von den Freuden und Sorgen des Zusammenseins. Dabei erfahren die Leserinnen und Leser viel Wissenswertes über die artgerechte Hühnerhaltung und erhalten wertvolle Tipps für den Einstieg. Illustriert ist das Ganze mit liebenswerten Zeichnungen der Autorin.

Nina Dittmann:
Wachteln im Garten
ISBN: 978-3-89566-391-8

Nina Dittmann:
**Vom Glück,
Schweine zu hüten**
ISBN: 978-3-89566-360-4

A. Arnold / R. Reibetanz:
Alles für die Ziege
ISBN: 978-3-89566-383-3

Gesamtverzeichnis:
pala-verlag, Am Molkenbrunnen 4, 64287 Darmstadt
www.pala-verlag.de, E-Mail: info@pala-verlag.de

ISBN: 978-3-89566-415-1
© 2022: pala-verlag,
Am Molkenbrunnen 4, 64287 Darmstadt
www.pala-verlag.de

Illustrationen und Titelbild: Silke Braemer
Stallzeichnung auf Seite 135: Oliver Rennert
Autorinnenfoto auf Seite 141: Inge Osswald
Lektorat: Wolfgang Hertling

Druck und Bindung: Beltz Grafische Betriebe GmbH, Bad Langensalza
www.beltz-grafische-betriebe.de
Printed in Germany

Gedruckt auf
100% Recyclingpapier